職場認眞
17

噓…………，別讓顧客知道原來你用了這一招！

讓顧客開心
又能提高單價和成交量的
潛意識消費心理學

WHAT YOUR
CUSTOMER WANTS
AND
CAN'T TELL YOU

Unlocking Consumer Brains
with the Science of Behavioral Economics

MELINA PALMER
梅莉娜·帕默 **著**　楊毓瑩 **譯**

國內、外專家一致好評推薦

本書集結行為經濟學的重要觀念，條理清晰、充滿各種淺顯易懂的案例，也告訴你如何應用在商業與生活中，強烈推薦必讀好書！

——許繼元　Mr.Market 市場先生／財經作家

人們行為背後的運作原理，透過作者筆下生動活潑的敘事能力，讓我一看就停不下來！

——愛瑞克　《內在原力》作者／TMBA共同創辦人

這本書充滿引人入勝的真實案例，深入消費者的思維和決策方式，不只讓行為經濟學變得淺顯易懂，也提供許多可立即應用的務實方法，幫助你打造出顧客渴望的產品，也能帶領企業走向成功。如果你想要超越競爭對手的話，這本書有你需要的答案。

——張邁可　超級業務商學院執行長

如果你知道客戶是如何做決策，或是客戶為什麼說「不」，就代表你離成功不遠。這本書不但教你有效引導客戶做決定，而且讓客戶也買得心甘情願。

——解世博　銷售暢銷書《超業攻略》作者／Podcast《銷幫》幫主

學會消費心理學，搞懂商業哲學。

——簡偉智　Willy 執行長

行銷來自於人性，當你懂人性就擁有全世界！你想擁有全世界，得先擁有這本書。

——艾薇蕭　葳逸整合行銷有限公司總經理

文案的奇妙就在於利用短短的文字去觸動大腦的潛意識，讓人做出超乎理智的決定，這就是短文案行銷的特別之處。

——劉奶爸　《網路行銷懶人包》作者

能熟練運用行為經濟學的人，等於掌握了行銷的讀心術。在對手沒有意識的情況下，主導了整個局勢。

——劉易蓁（617）　廣告／電商公司創辦人

銷售招數百百種，在企業教課時，我都鼓勵學員在跟客戶實際過招之前，要彙整很多「招」才有能力見招拆招。這本《噓，別讓顧客知道原來你用了這一招！》梅莉娜．帕默以貼近生活和說故事的方式，引導讀者重新思考經濟學上消費者的行為，同時檢視自己在銷售上的盲區。如果你想知道更多影響消費者決策行為的關鍵點，這本書你一定要看！

——王東明　口語表達專家／企業講師

梅莉娜．帕默在這本書中引用了最新的行為經濟學研究，指出領導者應如何避免因認知偏誤而做出危險的誤判，導致挫敗。帕默是優秀的科學家和企業溝通者，她提出的明確解釋讓企業很受用，讓人知道如何運用行為經濟學來保護公司和事業。

——格雷布．齊普斯基博士　行為科學家、Disaster Avoidance Experts 公司執行長以及暢銷書《不憑感覺做事》、《我們之間的盲點》作者

梅莉娜很善於解釋行為經濟學背後的理論概念，使其變得淺顯易懂、更好應用。她是該專業的思想領袖，無論是行銷或非行銷領域，她都能整合行為經濟學的概念與公司策略，展現傑出的成果。若有心想深入了解決策行為如何帶動企業成長，就應該要看這本書。

——賈斯汀．馬丁　Verity Credit Union 執行副總／營運長

在本書中，梅莉娜將顛覆你對自己和企業決策的認知，以及解釋消費者做決定的真正「原因」。別「過度腦補」消費者的行為，跟著本書學就對了。

——威爾・利奇　Mindstate Group 執行長、《行銷的心態》作者

這本書是了解消費者心態的絕佳指導手冊。本書為精明能幹的企業人士提供了行為經濟學的入門知識，淺顯易懂，富有教育性且不失趣味。

——尼爾・艾歐　暢銷書《鉤癮效應》、《專注力協定》作者

這本書充滿務實的知識，宛如寶庫，提供了強化行銷和銷售策略的心理學原則。從訂價、促發效應到資訊傳播、推力，再到互惠原則及習慣，本書提供了許多可以立即應用的方法和技巧。若想知道如何啟動行為經濟學力量，促進消費者購買意願，就一定要入手本書。

——肯特・尼爾森博士　The Lantern Group 創辦人兼首席行為科學家、Podcast 得獎節目《行為的通道》共同主持人

梅莉娜・帕默堪稱行為經濟學的真正專家，她寫出了一本內容廣泛且簡單易懂的好書，從CEO到行銷人員、商品研發人員、個人企業主及所有從事品牌工作的相關人員，都應該讀一讀這本

書。任何想學習領導能力、打造賺錢事業的人，都應該入手這本書，並且立刻與團隊分享。

——克莉絲汀・麥克蘭布　Niche Skincare 創辦人兼執行長

梅莉娜的這本書跟她的 Podcast 節目一樣滿是慧黠的點子，挖掘出人類行為背後的真相，提供了許多有趣思維和務實的技巧。這些令人讚嘆的內容，是許多來賓和研究員在她的 Podcast 節目上分享的。但更重要的是，梅莉娜以淺白的方式陳述這些內容，讓它們更容易運用在實務上。這本書絕對要列入必讀書單中！

——提姆・霍利漢　Behavior Alchemy 首席行為策略學家、Podcast 得獎節目《行為的通道》共同主持人

若想要運用人類行為學帶動企業成長以及改變生活，這本書絕對是一本好書。

——馬可・帕爾馬　德州農工大學人類行為實驗室主任

從零基礎的初學者到經驗老到的專家，任何人閱讀過這本書後，都能獲得無價的知識，了解將行為科學應用在商場和品牌上的藝術。

——埃普麗爾・維拉科特　Cowry Consulting 首席行為顧問、《漣漪》共同作者

透過豐富的例子，深入解讀大腦的運作方式，包括如何引導以及促發我們每天的行為……連我們本人都一無所覺！這本書充滿活力、幽默感，且行文簡潔，不僅適合精明幹練的行銷人員、創意人員及設計師從中尋求新的靈感，也適合所有想要了解最新科學的人去探索行為背後的祕密，以及掌握是哪些原因助推了我們的決定。

——湯姆．諾勃　CloudArmy 董事長／安全長

所有想要成功的企業都必須了解人類行為，以及人們的思維方式。梅莉娜．帕默的書讓最新的科學貼近生活，用引人入勝且易懂的例子解釋了人類行為背後的原因，同時也提供能夠立刻運用在事業上的實用建議和技巧。讀這本書，對你和你的事業都有助益。

——理查德．查塔維　《用行為做生意》作者、BVA Nudge Unit UK 執行長

這本書是人類行為和經濟學領域中不可多得的好書。這本指導手冊內容充實，將影響你做生意的方式，並促使你重新檢視當前的策略。本書包含了務實的方法，讓你能處理管理上的疑難雜症，並建立起領導能力，帶領事業走向成功。若想了解客戶和客戶的決策原因，就一定要讀這本書。

——史考特．J．米勒　暢銷作者、Podcast 最佳領導類節目《和史考特．米勒一起談領導》主持人

即便在ＡＩ時代，人類大腦仍舊堪稱最強大的機器，梅莉娜把最複雜的大腦運作方式，變得人人都能看懂且能運用。

——詹姆士・羅伯特・雷　Digital Growth Institute 創辦人兼執行長、Podcast 節目主持人、《數位成長時代的銀行業》作者

企業成功的關鍵在於比競爭對手更了解人類行為，這是最基本的道理。從這個角度來看，本書可謂是近幾年最重要的商業書籍。梅莉娜・帕默是行為經濟學者兼 Podcast 主持人和作家，她提供了內容充實的指導手冊，領導讀者掌握人類大腦的複雜性，讓消費者向你買東西。

——邁克爾・F・夏因　《熱賣操作手冊》作者、MicroFame Media 總裁

這本書充滿實用的洞見和真實案例，且具備學術依據。若想深入了解行為經濟學的應用方式，這絕對是一本值得閱讀的好書。

——杰茲・格魯姆　Cowry Consulting 創辦人兼執行長、《漣漪》共同作者

這本書包含了許多行為經濟學概念的應用方式，讓你能突破潛意識中的障礙，把工作做到最好。當你能做到最好，就能贏過競爭對手，打造顧客想要卻不知如何說出口的產品、服務及體驗。買

下這本書，好好吸收、應用！

——亞當．漢森　Ideas To Go 總監兼行為創新部門副總、《超越你的直覺》共同作者

梅莉娜在這本書中揭開行為經濟學的神祕面紗，讓我們比顧客更了解顧客，即他們如何決定要不要消費。這本好書知識豐富，提供了實用的洞見，讓實務者可以了解顧客的決策方式。

——內特．安多爾斯基　Creative Science 總裁、《解密消費者為什麼買這樣商品》共同作者

這本好書出自業界資深專家之手，很值得閱讀，能有助你打造潛移默化的說服力。想領先競爭對手就要閱讀本書！

——蒂姆．艾許　國際主題演講人、暢銷書《釋放你的原始大腦》作者

所有商務人士都應該把這本書列為必讀清單！本書提供了充實的資訊，解讀方式淺白，讓讀者更好吸收。本書將改變你的思維、行動，讓你的事業煥然一新。本書會讓你發笑、倒抽一口氣，甚至沉思，保證精采絕倫。

——妮基．羅氏　Sales Maven 執行長、神經語言學專家、Podcast 節目主持人、《購買的訊號和銷售的步驟》作者

目次

第三部　如何運用這些概念

第四部 別被困住

推薦序

一百年前，倫敦的出版社發行了威廉．麥克佛森的《說服的心理》。一九二九年，愛德華．伯內斯將香菸重新定義為「自由的火炬」，促使香菸在女性中普及。儘管消費者心理學持續有所發展，但許多二十世紀的經理人在面對行銷時，依舊著眼於產品特色和商品能帶給顧客何種利益。

於此同時，學術界發展出新的學科。經濟學家原本致力於找出複雜方程式來解釋全球經濟，後來卻發現，他們對人類行為最基本的假設根本錯了。消費者並非永遠都在追求最大的邊際效用，而經理人也並非永遠都渴求利潤最大化。行為經濟學一躍成為重要的學科領域，許多學者因為研究人類真正的行為模式而獲得諾貝爾獎。

近幾十年來，神經科學讓我們對人類行為多了幾分認識。大腦原本像是看不透的黑箱，但fMRI等造影工具讓我們能透過行為觀察大腦。

我看到一些具有前瞻思維的行銷人員利用神經科學來研究消費者行為，並將之運用在廣告、包裝及產品上時，便開始對行銷手法與大腦之間的關聯萌生興趣。

二〇〇五年起，我開始撰寫新興領域腦神經行銷學的相關研究。剛開始進行得有點沮喪，因為那時候只有大品牌負擔得起神經行銷學的研究。因此，我開始關注適用所有組織規模關於大腦的行銷技巧。

那個時期的暢銷書皆認為，人類大部分的決策都是在潛意識層面做出。企業家逐漸發現，顧客不單只會被邏輯和事實說服。

我的第一本書《大腦拒絕不了的行銷》在十年前問世，當時很少有書籍提供方法，幫助企業家利用行為科學知識解決每天所遇到的問題。商家該怎麼設定、標示售價？哪一張圖片看起來更有說服力？哪一個標題比較能吸引消費者？我努力以淺白的方式回答這些問題，讓所有企業家都能理解並執行。

梅莉娜・帕默的這本書，為這個領域增添了更多重要且珍貴的知識。她用簡單的敘述方式取代學術用語，讓所有忙碌的行銷人員和主管階層都能理解、內化相關知識。她的文筆平易近人，既不說教也不賣弄學問，更重要的是，她知道要避免使用術語。梅莉娜結合「實際應用」的部分，增加了互動性，讓讀者可以因應自身狀況來運用知識。

所有讀者看完這本書後，都能學到大量有關非意識說服力的技巧，而且這技巧適用於各種規模的組織。閱讀時可以不用按照順序，即便直接跳到某一章節，也能吸收許多實用的觀念。

成功的行銷人員不應該侷限於用產品或服務特色來招攬顧客，而是應該關注促發消費者做決策的非意識因素。在本書中，梅莉娜將告訴你應該怎麼做。

羅傑・杜利，《摩擦力》、《大腦拒絕不了的行銷》作者

第一部

大腦（和本書）的運作方式

第一章 解密大腦

你了解自己的大腦嗎？

現在請花點時間想一想大腦是什麼？它是如何運作的？有哪些部分你是確定「知道」的？你對大腦的認知有多少是來自於假設或幻想？再者，問得更深入些，你有多了解好友、同事或顧客的大腦？

事實上，即使我們都有大腦，卻都不了解大腦的運作方式。

過去二十年來，人類對大腦的認識遠超過過去的二十萬年。[1]全球跨區域科技的合作，加深了我們對大腦的理解，而未來，還有更多未知等著我們去探究。

這幾年最棒的一件事（至少我認為是這樣）就是出現了行為經濟學這門學科。這門學科主要是在分析人們的消費心理和大腦運作準則，幫助我們客觀預測消費者的行為，而不是主觀想像消費者應該會怎麼做。

我認為，行為經濟學正是傳統經濟學和心理學所孕育出的新學科。或者我們也可以用如下的方式來呈現：

傳統經濟學＋心理學＝行為經濟學

還有一個好消息是，各位已經看到本書中最複雜的方程式了！我是名行為經濟學家（這個頭銜或許有點令人卻步），所以我的職責是讓所有人都能學會並實際應用這門學科。

本書將：

- 開啟你對大腦運作方式的認識。
- 介紹行為經濟學的重要概念：將內容分解得簡單易讀，以利消化、記憶。
- 說明如何結合各種概念讓事業更成功。
- 解說大腦會耍哪些把戲混淆人們的視聽、如何避免落入大腦耍的花招中，並落實本書的方法。

行為經濟學是一門以科學為基礎的學科，結合了多元學科幾十年來的研究成果，包括心理學、經濟學、神經科學以及哲學。同時，它也是一門藝術。大腦中同時運作著幾百條規則、各種概念及刺激，塑造了我們的現實生活和決策方式。書裡的概念都經過實證，而且我們都曾經以某種方式體驗過這些概念。但應該選擇落實哪個概念？如何挑對落實的時機點和方式？這就是藝術所在了。本書將解釋我如何把這些概念運用在工作上，以及你可以跟著怎麼做。

首先，讓我們來深入了解大腦究竟是怎麼運作的。

櫃台接待員和高層主管

假設你想跟歐普拉開會。你不可能直接打電話給她，然後在她的行程表上訂好預約，你必須先跟一名櫃台接待員（或者十名）接洽。這些幫歐普拉管理瑣事的「門神」，就像意識和潛意識的關係。

行為經濟學家丹尼爾・康納曼曾榮獲諾貝爾獎，他認為大腦有兩個系統。[2] **系統一**（我在本書和 Podcast 節目《機智事業》中稱之為「潛意識腦」）是自動化系統。該系統隨時都能迅速做出反應並處理大量資訊，以電腦術語來說，差不多是每秒可傳輸一千一百萬位元的資訊。[3]

相較於此，**系統二**就是我說的意識腦。這個系統相對慢多了，而且無法處理大量資訊。相較於潛意識的傳輸率為每秒一千一百萬位元，意識腦每秒只能傳輸大概四十位元（嘖嘖）。

潛意識（系統一）＝櫃台接待人員

運用經證實有用的規則，自動且迅速做出大量決定

意識（系統二）＝高層主管

只有重要事項才會來到這個層面；速度慢，負責需要評估的決策

我們以為自己掌控著大腦和所有決策（並且相信自己的評估皆具綜合性和邏輯），但其實並非如此。意識腦能夠負荷的資訊量，不足以因應生存必備的大量決策。

正因如此，你所做出的決定（包括與顧客、同事、朋友及家人相關的決定），有百分之九十九都是由潛意識腦處理。[4]

很遺憾的是，這兩個系統說著不同的語言。這就是為什麼焦點團體訪談組的成員說他們想買A牙膏，最後卻沒買……他們並非有意說謊（絕大部分是這樣）。結果顯示，人們並不知道自己會做什麼。更糟的是，我們也無法說明為什麼自己會那樣做。箇中原由只有一個：大腦這兩個部分說的是不同語言。

規則學習

請回想你第一次學開車的情況，過程一定非常緩慢、單調乏味，而且你還不斷自我懷疑：手有放對地方嗎？這踏板是油門嗎？要記得看後照鏡！

這過程之所以這麼慢，是因為意識腦需要學習，並且為整個流程設定規則。等建立起規則後，一切就會簡單許多。你現在開車的時候根本不必思考，對吧？因為駕駛技巧已經內化至了潛意識中。開車的時候，你的大腦迅速利用了經驗法則（也就是以前用過且有用的方式），做出了一貫的決定和評估。

對你而言，學會開車後，開車簡單得不得了，直到你在滂沱大雨中開進山路，夾在大卡車和護欄中間，這時候你會察覺到路況改變了，因而放慢速度、緊盯四周、肩膀高聳，全神貫注地感受著輪子隨著方向盤移動。

這是潛意識將方向盤交給意識腦的過程（雙關語）。在這種路況中開車要非常謹慎，因此必須全神貫注以確保安全。此時，每秒傳輸四十位元的系統就顯得極為珍貴。同時，其他事情必須退居至潛意識層面，因為現在一切都要以開車為優先。

這也是為什麼查找地址時我們會關掉收音機，因為意識腦無法一次接收太多訊息。開車的例子顯示大腦如何根據個人經驗建立規則和形成成見，潛意識的規則會受到生理機制極大的影響，而且已經演化了幾千年。[5]

想一想我們面臨危險時會產生的反應：戰鬥、逃走或立定不動。危急時刻，由體內自動系統掌控身體是有原因的，可以確保我們（和我們的祖先）能繁衍後代。如果有人在黑暗中看到兩個光點，然後告訴你：「喂！你一定覺得那是一隻老虎，但我敢賭你絕對錯了！」那這個人早在被老虎吞下肚前，或許就演化失敗了。

過去的預測能打造未來

世代間傳承和個體經驗學習這兩種學習方式，都會影響潛意識所仰賴的規則，並且這些規則不斷沿用在日常生活中。

我們在生活中採取任何行動前，幾乎都會先猜測接下來可能會發生什麼事，而這些預測都是源於潛意識對過去的理解。潛意識會做出決定，而這些決定通常都令人滿意。然而，其實潛意識所利用的規則常常不符合當下狀況（各位可以在第二部分的例子中陸續看到這樣的情形）。畢竟潛意識每秒須處理一千一百萬位元的資訊，所以不是每個決定都能臻於完美。

例如在現代，大部分的人並不會有遇到老虎的危險，但當我們在會議上遭到老闆或網路廣告「攻擊」，大腦仍會啟動戰鬥、逃走或立定不動的反應。

閱讀本書時（以及未來在評估生活和事業時），最重要的是了解行為經濟學能幫助我們掌握大腦的這些規則。我在本書介紹的概念在文化、年齡、性別、收入、教育程度等方面全都經過了驗證。[6]或許每個概念深入說明的程度會稍有不同，而且並非完全吻合每個人的每種狀況，但我們每天在某種程度上都會進行和這些概念相關的事。

想像一下，假設你第一次看到西洋棋，而且要坐下來與大師級棋手對弈，但你不能先學會規則，而是要邊下邊學。過程中，你可能會得出一套理論，並且猜出每枚棋的功能，以及移動這些棋子的原因和時機，但你很難進步，而且贏的機率微乎其微。

如果事先知道遊戲規則，你在下棋的過程中能進步多少？又會得到什麼不同的經驗？

對我而言，了解行為經濟學和大腦的決策方式，可以讓我從生疏新手變身為西洋棋大師。你知道掌握了其他人不懂的遊戲規則時，就可以在生活和事業上占多少上風嗎？

以下讓我們來了解一下。

第二章

企業與品牌

品牌即記憶。

——彼得．斯泰德博士，《品牌神經元》作者7

你最愛哪個品牌？

無論你想到了什麼，這個答案基本上一定是立刻從潛意識腦冒出來的。這個反應就像是公司帳本，雖寫的是白紙黑字，但多了情緒、記憶以及其他感官體驗。或許你腦中會出現蘋果的商標，或者你幾乎可以感受到自己正喝著（而且很想衝去買一杯）最愛的星冰樂，又或者你想起了全家到迪士尼樂園玩的興奮，也可能是聞到了 Volvo 坐墊的皮革香。

你的大腦之所以聯想到這些你最愛的品牌，是源於潛意識的規則和聯想習慣。但是，是什麼原因讓這些品牌變成你的最愛？為什麼你對它們的感覺和其他品牌不同？為什麼你會想到這些品牌？這些品牌又有哪裡讓你迷戀？

你或許聽過古諺說：「感知就是現實」（Perception Is Reality），這句話至今仍然通用，因為這說的是真的。同樣情況下，我更喜歡彼得．斯泰德說的「品牌源自記憶」。

經營品牌跟做生意不同，隱含了更多的意義。

做生意是用商品或服務換取金錢。做生意是為了賺錢。但讓人選擇特定商品的原因是什麼？是什麼因素刺激了情感，提供了故事及記憶？答案就是品牌。

品牌是眾多經驗的集合，這些經驗會在你的腦中塑造出企業形象，而熟悉度則會令人產生好感。[8]

想像有人幫你安排了相親。你對對方的一舉一動會有多挑剔？你會評論對方的每一句話和動作，然後打分數。例如若喝湯發出噁心的聲音，就足以讓你無視對方其他的好，將他永遠列入黑名單。

現在請想像你已經結婚，而你的另一半喝湯時也發出了令人作嘔的聲音……所以你現在要跟法院訴請離婚嗎？

應該不會吧。

品牌也是如此。看到一個新品牌時，一般人會高度警戒，充滿防衛心地等待該品牌採取行動，以利我們視情況把這個新品牌歸類為好東西或雞肋。在這個過程中，大腦會綜合運用潛意識和意識的技巧來評估該品牌：大部分過程和影響你做決定的因素，都是在意識層面進行。

一旦這些品牌通過評估並且變成你認識，甚至是你的最愛，就算這些品牌「喝湯發出噁心的聲音」，你還是會給出滿分。

當這些品牌做出很惡劣的事，會導致你們的關係變質嗎？多少負面經驗才能讓你將一個品牌從最愛中除名？這些品牌有可能惹怒你並且全面瓦解你的忠誠度嗎？

你現在可能會開始思考，自己買這些品牌的真正原因是什麼？是出自於忠誠還是習慣？

從做生意升級為經營品牌

品牌之所以重要，是因為顧客的大腦是透過品牌與企業產生連結。潛意識情感豐沛，而且若得到期待中的酬賞，就能產生行動力（或者不行動）。缺少品牌（少了這些記憶）商品就無法讓潛意識腦形成習慣。而若該項商品不是大腦慣用的，競爭對手就會取而代之。

無論做什麼生意或賣什麼商品，品牌都是核心所在。想一想我剛剛提到的幾個知名品牌。那些市場上的頂尖品牌清楚知道自己賣什麼、品牌宗旨、不賣什麼以及為什麼。

吉布森·比德爾是 Netflix 前產品管理副總，他認為，打造頂尖的產品、企業及品牌，必須從聚焦顧客轉換為迷戀顧客[9]。Netflix 的行為學策略，讓他們領先競爭對手，打造出超乎顧客預期的產品和服務。運用本書的技巧，就能為你贏得這樣的優勢。

迪士尼是一個充滿奇幻、驚奇及夢想的品牌。人們對該品牌的記憶多摻雜著期待。你能想像全家人坐在沙發上等著看迪士尼電影，卻等到一部像《奪魂鋸》那樣的驚悚片嗎？所有人應該都會氣到中風。若這樣的情況真實上演，一定會重傷迪士尼的名聲和品牌。

迪士尼做的每一件事，從實體店的消費經驗到遊樂園裡的「卡通角色」，都是品牌的一部分。迪士尼很清楚每個角色都很重要，每個時刻都輕忽不得，而且任何人事物都必須符合該品牌的價值。

新鮮感和說故事的力量

迪士尼並非唯一如此注重細節的品牌。二〇〇四年，拉斯維加斯「威尼斯人酒店」被TripaAvisor 譽為全球最佳設計酒店，該酒店本來可以隨便挑一種大理石來蓋高達二十五英尺的圓柱，卻選擇從義大利進口的大理石，原汁原味呈現威尼斯風情；亞馬遜其實可以選擇素面的貨箱，卻選擇印上品牌標誌（一個指著A到Z的微笑符號，表示亞馬遜什麼東西都能寄）；iPhone 的所有廣告始終顯示著九點四十一分，因為這是賈伯斯二〇〇七年第一次發布 iPhone 的時間。說到廣告的時間顯示，你知道幾乎所有手錶廣告都會將時間顯示在十點十分嗎？這是因為考量到了對稱性。而且跟亞馬遜的商標一樣，那能令人聯想到笑臉（我們會在第二部分的促發章節裡再談到這一點）。Twitter 的小鳥商標是有名字的（別懷疑，它叫做拉里）。還記得《哈利波特》電影裡的人像畫嗎？那些全部都是藝術家手繪，而不是電腦繪圖（我在倫敦的哈利波特影城製片場看過，超級驚豔）。

這些品牌的故事講都講不完，甚至可以集結成書了。但我要問的問題是：為什麼？

我們最愛的品牌為什麼要自找麻煩？為什麼不偷工減料，省事一點？為什麼要替芭比娃娃取全名和編寫家庭背景？（為了讓各位省去上 Google 查詢的麻煩，我可以告訴大家，芭比的全名是芭芭拉・米莉森・羅伯茲，出生於威斯康辛州〔虛構〕的威洛斯市。）

原因之一在於，大腦喜歡在小地方贏過他人以及探索新事物。我們樂於知道一間公司是有深度的，這就像是禮物，而且這些知識會讓我們在派對上看起來很聰明，還能製造出月暈效應。[10]大腦會覺得：「如果一家公司對小事都這麼琢磨，大事就更不用說了！」

另一個原因是，大腦的觀察力相當敏銳。潛意識每秒處理一千一百萬位元訊息時，其實是在揪錯。

以影集《冰與火之歌》為例。這部劇播了八季，長達七十三集。華麗服裝和場景播出超過二十五萬兩千秒，最後引發網路熱議的，竟然是在第八季某場景中出現了突兀的星巴克杯子。

為什麼星巴克的杯子格外引人注意？還有為什麼觀眾不在推特上討論整部影集裡出現的幾百

萬件正常物品？為什麼一個穿幫的鏡頭會對整部影集產生巨大的負面影響？

因為大腦會持續檢視外在事物，在有東西出錯時警示意識腦。影集裡的所有其他細節，都成了模糊的背景（我認為，觀眾不讚賞這些完美的細節實在有失公允）。記憶會大肆膨脹這個小差錯，並且影響其他相關的記憶。

記憶的集合

請記住，品牌是記憶的集合，記憶會串聯在一起，並讓與品牌互動的大腦產生深刻印象。顧客每次與品牌互動的時候，潛意識腦就會歸類並整理數以百萬計的資訊，顧客對公司的觀感也會隨著每一次的新體驗而不斷刷新。[11]

不過，記憶是什麼？又是如何運作？

這個問題看似簡單，其實答案很複雜，而且我們會主動忽略很多真相。提到大腦和記憶的時候，你或許會聯想到檔案櫃或者儲存在雲端硬碟的照片。通常我們會覺得每個記憶都是獨立事件，所有繁瑣的細節都鎖在安全的地方供我們隨時汲取，然後再原封不動的放回去。

很遺憾，完全不是這樣的。

記憶基本上是大腦告訴我們的錯誤訊息，而且每一次汲取記憶，記憶都會稍做改變。因此，如果你一直想著某件事情，這件事就會越來越扭曲、偏離事實。

很令人沮喪吧？

每個人的大腦都在不斷改變記憶，好讓記憶符合自己的需求：讓自己看起來更體面、誇大某個部分然後削弱其他部分的重要性，而這些都不會經由意識層面的知識去處理。大腦甚至會虛構假記憶：有些人相信某些事情真的發生在自己身上，儘管這些事都只是故事或廣告。[12]

我十八歲的時候在一家航空公司擔任總機人員，而且很快就升遷至客服部門。你還記得自己打電話咆哮客服人員的樣子嗎？我就是被那樣怒吼的人。

聽旅客分享他們的經驗非常有趣。遇上航班大延誤時，他們會說：「這太扯了！」或是「我被困在機場，沒得吃沒得喝，椅子太硬，又不能洗澡……」

我敲敲鍵盤查詢過後，發現他們的航班延誤了九十分鐘。

你可能不知道，每個打來客訴的旅客，都會要求賠償免費機票。曾經有一位女性旅客只因為空服員在航程中汽水給得太慢（她坐在第八排），就要求我提供她免費的機票。

在這些記憶中，旅客的感受是真實的，而且就算航班是因為雷雨這種不可控的因素而延誤，旅客被滯留在機場的經驗，照樣會傷害航空公司的品牌。理智上，大家都知道航空公司延後起飛是為了確保旅客安全。但潛意識腦把這個經驗存成記憶的時候，卻沒有記住這一點。

想想那些老生常談的釣魚奇聞，故事一開始是有人抓到一條小魚，二十年後小魚卻變成了「你這輩子看過最大的巨大怪魚！」說故事的人（通常）並非有意說謊，只是在他們的腦中，每說一次這個故事，這條魚確實就跟著變大，因為他們在不知不覺中調整了一些事實來吹噓其他的環節。我們會誇大各種經驗，原因不只是為了在其他漁民面前吹噓一番，[13]而是大腦自然的傾向。

另一個企業應該要知道的大腦奇特點是：大腦並不是永遠都能分清楚真正發生過的事和**自以為發生過的事**。

> 你記得你五歲時候在百貨公司裡迷路的事嗎？你本來和媽媽走在一起，後來有一隻毛絨絨的泰迪熊吸引了你的注意。那隻熊實在太吸睛了，因為橘色的熊很少見，而且它在櫥窗內看起來可愛至極。就在這一瞬間，你回頭一看，卻沒看到穿著黑白條紋洋裝的媽媽。恐懼襲來，你陷入慌張，開始瘋狂檢視每個從身邊走過的大人。他們說你跟媽媽只走散了十二分鐘，但你卻感覺像是經過了大半輩子。

不論你信不信，大腦都已經把這則花絮存檔在你的記憶銀行。即使是假的記憶，大腦也不一定會這樣認為。知名研究顯示，[14]有三分之一的人聽到別人告訴自己「你曾經在百貨公司迷路」（其實並沒發生過）時會當真。經過兩次追蹤訪談後，仍有四分之一的人相信，這個虛構的故事是真實的記憶。

當一件事反覆被陳述，我們就會越相信那是真的。[15]

廣告中標榜的「同類商品中最佳」「網路涵蓋範圍最廣」，或「成長最快的企業」等，都被當作事實，存在顧客的記憶銀行裡。大腦喜歡一致性，因此只要聽過一次，我們就會相信那是真的，並且尋找證據佐證自己的期待。[16]

聽起來或許像馬後炮，但這些記憶並非全然都是真的。

「應該」是一句髒話

如果你製造了一項人們「應該」想要的產品或服務，最後他們卻不買單，那這樣的東西還值得販賣嗎？

在我的 Podcast 節目《機智事業》中，「應該」是一句髒話。如果你也曾經說過「他們**應該**買這個」，或「每個人**都該**知道這是一個好點子」，那就得停下來反省。

人們並非永遠都做他們「應該」做的事，或對自己最有利的事。就算知道怎麼做最好，人們也未必會去做。

我們都希望能更健康，也知道怎麼做才能達到這個願望：控制飲食和運動。

但我們有做**該**做的事嗎？通常沒有……

這是大腦的一道難題：「意識」知道要做什麼，卻無力讓潛意識遵守指揮。紐約大學心理學家強納森・海特[17]用騎大象的例子完美解釋了這種情形。乘客（意識腦，系統二）能想出絕佳的計畫而且富有邏輯，但如果大象（潛意識腦，系統一）分心或者興趣缺缺，不用多說，牠絕對贏定了。無論你推、拉、罵或擺出生氣的表情，都無法讓大象移動腳步。但給予正確的鼓勵作為推力，例如夏天裡的一池冷水，就能讓潛意識開始執行任務！

與大腦合作，即幫助乘客和大象方向一致，比試著單獨拉動大象簡單得多。這正是《機智事業》運用行為經濟學的方式。

本書將為你解碼大腦和相關概念，讓你懂得如何結合這些概念並全面應用以提升事業。無論是產品設計、訂價、撰寫行銷文案、與內部員工溝通或打造有凝聚力的品牌，企業最大的問題都在於用意識思考的「乘客」，總是試著用自己的語言與其他乘客溝通，但其實他們該做的是先努力引誘大象。

大象無法理解人類的邏輯，潛意識也一樣。先處理大象，乘客就會幫忙解釋為什麼這麼做很絕妙。

第三章
大腦內重要的東西

潛意識腦的「大象」永遠都在渴望酬賞，而且知道去哪裡獲得酬賞才能安心（因此潛意識腦偏好保持現狀，因為這樣就能予取予求）。有四種主要的「快樂」腦內物質會激發我們想要得更多的心情，各位可以用DOSE來記住這些物質：[18]

- 多巴胺（Dopamine）
- 催產素（Oxytocin）
- 血清素（Serotonin）
- 腦內啡（Endorphins）

多巴胺與期望

雖然這些腦內物質都很重要，但我認為，多巴胺是與大多商業目的最相關的。對酬賞的期待會養成習慣，並驅動百分之九十五的消費行為。[19]你可能覺得酬賞本身就是好處，但其實過程才最重要。

神經科學家羅伯特．薩波斯基[20]進行過一項研究，期望知道在酬賞過程中的哪個階段，多巴胺的分泌會達到最高峰。該研究訓練讓猴子知道，當燈一亮，按十次按鈕就能得到點心。

你覺得多巴胺什麼時候**開始**分泌？哪個時間點分泌**最多**？

- 燈亮的時候
- 按按鈕的時候
- 給點心的時候
- 吃點心的時候

一般吃過點心的人或許會覺得，最美妙的時刻就是拿到點心並放入嘴巴的那一刻。

但事實是，燈亮的時候，多巴胺就**開始**分泌，而且在按按鈕的時候達到**最高峰**。拿到點心後，多巴胺即停止分泌。

更甚的是，不確定性會改變多巴胺的分泌。當猴子只有百分之五十的機率可以得到點心，多巴胺的分泌竟增加了**兩倍**！若規則改變成猴子只有百分之二十五或七十五的機率可以得到點心時，兩種狀態的多巴胺分泌量則一樣，大概是百分之五十和每次都能得到點心的中間值。

例如在規畫行銷計畫和顧客體驗旅程時，最重要的絕對是旅程。

本書有幾個章節都在討論這個過程。如各位所知，期待值決定了多巴胺的分泌程度，而遞減的多巴胺則會重傷品牌。如果激發了消費者對某項體驗的高度期待，卻無法滿足他們，會發生什麼事？你可能會看到因多巴胺遞減而發火的顧客。相反地，如果商品或服務超過顧客的期待或期望，顧客就會分泌更多多巴胺（即顧客會感到驚喜又愉快，我們會在第二部分專門討論這一點）。

設想一下，在自動販賣機買零食的情況。我們期待投錢進去，然後就會拿到商品。這樣並不會分泌大量多巴胺。但各位有沒有投錢後掉出兩包零食的經驗？那就像拿到**驚喜包**的感覺，會直接讓多巴胺爆量。那如果錢被機器吃掉了呢？多巴胺應該就會大銳減了。

不確定性能增加多巴胺的分泌

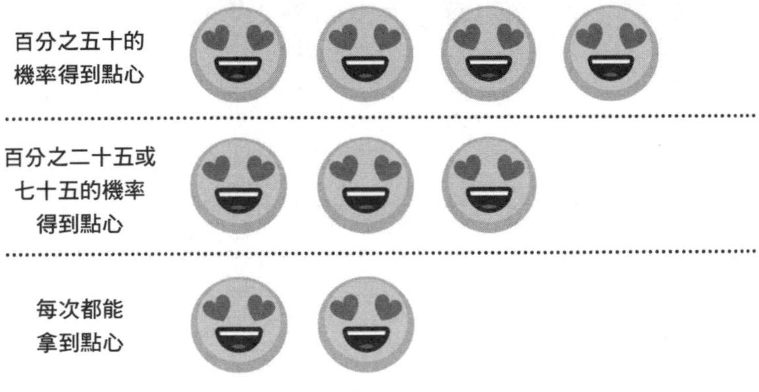

快樂的體驗來自對獎勵的期待，而非獎勵本身。

贈送免費試用品給猶豫的消費者（前提是你確定自家商品很厲害）時，可以讓互惠關係升溫，而且多巴胺會伴隨著期待分泌。

鏡像神經元

鏡像神經元[21]是另一項要了解的重點，它與大腦驚人的學習方式和建立同理心有關。科學家當然早就知道人類是透過觀察來學習，而且能夠對陌生人產生同理心，但他們是在一九九〇年代發現鏡像神經元後，才知道原因。

讓我來說個故事……

很久以前，在一個特別熱的日子裡，一隻猴子坐在義大利帕爾馬大學的實驗室中。牠腦中被植入了一些監測動作控制的電極線，用來判讀當牠拿起杯子（或花生）喝水（或吃花生），大腦的哪一區域會被點亮。這麼做可以讓科學家了解大腦在控制各種動作時所產生的反應，以及當猴子拿起杯子、積木或花生，大腦是否會有不同的反應。

在這重要的一天，一位研究人員吃著霜淇淋走進了實驗室。此時猴子沒有動作。所有待在外面的人或許都注意到了，猴子瞪大眼睛顯得很感興趣，但牠大腦顯示出的情況卻不是這麼回事。猴子大腦亮起的區域，顯示出牠正在吃著霜淇淋！

研究人員更深入研究後發現，當人抓起一把花生準備遞給猴子，牠大腦亮燈的區域，顯示**彷彿牠自己抓著這把花生**。而且，如果研究員把花生放入嘴裡，猴子大腦亮燈的區域竟顯示出牠也在吃花生！就算猴子本身沒有動作，大腦也會「經歷」別人正在做的事情。

這個實驗讓研究團隊偶然發現鏡像神經元，並於一九九〇年代初次公開相關研究。[22] 人類跟猴子一樣也有鏡像神經元，而鏡像神經元形塑了我們的生活方式。

鏡像神經元讓我們能透過觀察進行學習。

- 小孩看過大人開瓶子後，就會知道怎麼開瓶子。
- 芭蕾舞者也能透過觀察，學習正確的貓步動作。
- 積極的講者可以透過觀看別人的演講，學會演說技巧（和禁忌）。

我們不必透過與他人交談，或實際上進行肢體動作就能達到這樣的學習，這點實在很驚人。而且如果少了鏡像神經元，生活將不再會是我們所認知的那樣。（沒了那些開箱影片，YouTube會變成怎樣？）

據說人類是意外發現了火的存在。我高度懷疑古人發現火之前，早就在不斷摸索著熱能和火苗之間的關係。

所以，究竟其他人是如何迅速學習、複製生火的行為？

沒錯，正是因為有鏡像神經元。

人類也是這樣學會打獵、採集、農耕、蓋房子以及其他日常的生活技能。人類的集體智慧增長快速，因為只要有一個人開始做某件事，其他人看到後，大腦就會認為他們也做過一樣的行為。這些知識會像野火一樣擴散（雙關語）。

我們來複習一下鏡像神經元的運作方式。每個人的大腦約有一千億個神經元，每個神經元與其他一千至一萬個神經元都互相連結並形成網絡。

鏡像神經元是在額葉被發現。一般運動控制神經元也位在大腦前半部，做動作（拿杯子、踢球等等）時就會啟動運動神經元。我們在體驗這些動作時，鏡像神經元就會啟動，但如果是沒意義的舉動，鏡像神經元就不會有反應。

更令人驚訝且重要的是，在執行品牌市場行銷和銷售時，**意圖**具有很大的影響力。某項研究中，讓受試者看著三張照片，照片內容分別是在三種情境下用一隻手拿著杯子：[23]

- 一張是手附近有一盤餅乾和一壺茶（模擬拿杯子啜飲一口茶的情景）。
- 一張是凌亂的桌子和散落的餅乾屑（模擬打掃的樣子）。
- 無情境脈絡（手和杯子在空白背景中）。

研究顯示，鏡像神經元在有情境脈絡的狀態下較活躍，它們對有明確目的的動作反應最好。

鏡像神經元也幫助我們理解別人的動作並產生同理心。例如，當看到有人被其他人或者雞毛撢子等物品輕觸右前臂，大腦會做出彷彿你的右前臂也受到同樣方式觸碰的反應。

就像維萊亞努爾．拉馬錢德蘭在其精采的演說中所述，大腦的痛苦和觸覺接受器很聰明，聰明到可以安撫大腦說：「放心，沒有人在碰你，你只是感同身受而已。」這能讓我們避免產生有意識的感受。而且就算我們的手臂因為剛打完針而麻痺，也照樣可以體驗並「感受」到外在的觸碰！

這相當不可思議，卻千真萬確。而且，這全都是拜鏡像神經元所賜。

很有趣吧？但你可能會問：「為什麼要在一本介紹如何將行為經濟學應用在事業中的書裡談鏡像神經元？」以下，我將告訴你幾種具有無限可能的應用方式：

- 讓消費者看到購物過程會增加消費者的購物欲。
- 在YouTube影片的結尾，放上「訂閱」的箭頭，有助大幅推升訂閱人數。
- 若放在網站上的照片表情錯了，就可能啟動錯誤的鏡像神經元和行動。
- 品牌故事能刺激鏡像神經元，因此要把品牌歸類，以產生不同的體驗。
- 刺激他人行動時，脈絡扮演著重要的角色（記住茶杯的例子）。
- 與顧客間的關係不是越來越爛就是越來越好：讓他們看負面的內容，就會越來越負面；讓他們看正面的內容，就會越來越正面。[24]

用字遣詞、品牌特性、員工態度，都會影響消費者對品牌的觀感，以及與商家之間的互動。即使消費者本身沒有察覺，而且無法透過調查得知，這些因素都會影響他們如何來認識你和你的公司。你可以發現，我在這本書裡不斷強調「每件事都很重要」。無論你有沒有想過選擇背後的涵義，這些都會影響員工、同事以及顧客的行為。你有大好的機會提供盡善盡美的體驗，既然如此，何樂而不為？

認知偏誤的大腦

在了解行為經濟學的概念之前，先認識幾個大腦的認知偏誤非常重要。人們常常期望自己的想法毫無偏誤。但人腦不可能沒有偏誤，了解每個人的認知都有偏誤相當重要。

潛意識腦的經驗法則建立在過去的經驗和偏誤之上。這些經驗和偏誤永遠都在。既然無法消除它們，了解它們的作用就能讓事情做起來更順利。大腦之所以會產生偏誤，目的之一在於，讓每個人相信自己比別人更棒、更聰明、更敏捷。[25]

> 每個人都自以為品味好、有幽默感，但並不可能人人的品味都很好。
>
> ——嘉莉・費雪，在《當哈利遇見莎莉》中飾演莎莉

大腦確實是我們的宇宙中心，讓我們天生就相信自己很了不起。若你有下列這些想法，記住，你的同事、家人、顧客、老闆以及過去的你，也都想著這些事情，我們都覺得今天的自己比昨天的自己好。大腦天生就會相信這些事。[26]

- 我跟別人不一樣，我看得到真相；我客觀且不帶偏見。（素樸實在論）
- 我比別人優秀而且更有機會成功。（樂觀偏誤）
- 多數人都贊同我——沉默代表同意，對吧？（錯誤共識效應）
- 我了解別人，但別人不了解我。（不對稱洞察幻覺）
- 我很透明，就算沒講，每個人也都應該了解我做事的動機和緣由。（透明度幻覺）
- 我跟其他人不一樣，我需要獨特的做事方法。（錯誤的獨特性偏誤）
- 但是……我在星座解說上看到一個很符合自己的描述，而且「這根本就是在講我啊！」（弗拉效應、巴南效應、占星效應、算命現象）
- 如果我不穿上自己的幸運襪，球隊就會輸掉比賽。（控制錯覺）
- 我比其他人更能拒絕誘惑，歡迎跟我兜售分時渡假！（樂觀偏誤）
- 其他人行事風格很固定、很好猜透，但我比較有彈性，隨時都在變動。（性格歸屬偏誤）
- 我若是去上電視遊戲節目，一定可以全部答對。（過度自信效應）
- 我就知道這是一個聰明的選擇。（支持選擇偏誤）

行為經濟學顯示，儘管我們都不一樣，卻都是可預測的。還有一件很重要的事：正因為你看不到其他人的每一面，因此你同樣也是一個身處二維空間、形象不立體的人。而且，如果你知道其他人自以為是立體的、而把你當成平面的生物來看待，你們聊天的內容想必會不一樣吧？

第四章

如何運用本書

我寫這本書的目的，是為了幫助企業策畫品牌、整合人員，在其職務上發揮更大效用。無論你是在國際企業擔任行銷長，負責產品開發、設計以及訂價策略，或者是小公司的老闆，校長兼撞鐘，這本書都是為你量身打造的。

如果你已經準備好要升級自己的商業頭腦，那你就選對書了。本書將把你對心理學和大腦的興趣，以及與生俱來的好奇心變成利潤。

閱讀本書的同時，若你手上正好有負責的商品或服務就太好了！記住，不要被突然想到的那些「問題」困住。本書的目的是幫助你找出固有的機會。

本書共分成四個部分，並以如下順序呈現內容：

一、**第一部**，重新認識大腦。了解大腦真正的運作方式，並以開放的心態學習。

二、**第二部**，詳細介紹最適合企業應用的概念。我會從幾百個概念中挑出部分內容，讓大家對行為經濟學有基礎的認識，而且不會覺得艱澀難懂。這部分的幾個章節都很短，可以當作簡易的參考資料。畢竟這本書的誕生，不是為了讓讀者把它束之高閣，而是希望各位能積極使用它，以運用行為經濟學來發展事業，因此，能夠輕鬆找到這些概念非常重要。每章的最後都有可以馬上將概念應用在工作上的提示及練習活動，我的客戶也會做這些練習。另外，學無止境，如果想深入了解特定概念，不妨聽聽我的 Podcast 節目《機智事業」》。

三、**第三部**，建立在前面的基礎（概念）之上，介紹如何結合不同概念，為事業創造亮眼成績。每一章的最後都有列出文中提到的概念，讓你可以輕鬆找到、利用書裡的提示。

四、**第四部**，讓整本書不只是一本有趣的書。在這部分，我將分享大腦用哪些偏誤和伎倆讓人產生安全感。這會讓你擁有工具和信心，將所學運用在事業中，免走冤枉路。

在介紹這些概念之前，為了讓大腦做好應用這些概念的準備，會先有一些暖身的導讀（我會在第四部分再複習一次）。為什麼要重複敘述這些內容？理由如下：

一、看完促發效應的章節後，你將明白讓大腦做好準備的重要性。明白實際上的可運用性，能讓你留下印象，增加成功的機率。

二、最理想的狀態是，還沒讀完你就迫不及待想要分享書裡的內容。從一開始就讓讀者知道這些內容確實有效，可以讓讀者保持高度熱忱（也能增加成功機率）。

三、基於熟悉偏誤，當這些內容再度出現在最後一章，你會更容易接受（也能增加成功的機率）。

所以，你要一心想要成功，在介紹行為經濟學的概念之前，我要再多分享最後這幾個想法。

勇於挑戰現狀

潛意識腦很懶惰，所以是靠經驗法則（本章提到的內容和本書中介紹的概念）進行決策。如果放任潛意識腦運作，大腦會習慣自動決策，享受現狀並誓死抵禦任何威脅到可預測性的因素。[27]

但你現在是學生，渴望成長、改變、挑戰現狀。

行為經濟學很快就會成為當代顯學，因為彭博社將「行為經濟學家」譽為近十年來最夯的工作。[28]然而就現狀而言，和公司討論這些事情，說服上司、同事嘗試這些概念，很可能違背他們的大腦偏誤。

溝通過程中，可以運用以下三個技巧來克服偏誤大腦所造成的阻礙：

一、讓所有人了解大家都在同一陣線上，將個人偏誤轉移為團體偏誤（使內團體偏誤有利於你）。

二、提供背景資料（或許是來自本書）讓大家了解彼此都很相像，而且就算意見相左，大家可能都是對的。

三、運用提問的力量開啟對話。

我們都可能是對的

回想一下前文提到的，相較於意識腦每秒只能處理四十位元的資訊，潛意識腦每秒可處理一千一百萬位元。想一想，衝突發生時，只要有資訊通過過濾器進入意識腦，基本上就代表潛意識把其他二十七萬五千件事視為不重要或無關緊要。

難道別人腦中的過濾器不會挑選出被你大腦過濾掉的其他二十七萬五千件事嗎？

若把問題視為轉換思考的機會，並且了解到，你跟別人都可能是對的（即使你不同意），這樣才有可能找出更多有趣的解決方法和機會（在質和量方面）。如羅里．薩特蘭在《人性鍊金術》[29]中所述：「好主意的反面也可能是另一個好主意。」

運用提問的力量

我所有的客戶幾乎都聽我說過：「為錯的問題找到正確答案很簡單。」

回想一下公司執行過的專案，不論大小，而且最近或以前的都可以。請誠實回答，你啟動問題解決模式前，花了多久在思考問題？

想想我前面提過的那些大腦偏誤。如果你天生就覺得自己很了解別人在想什麼、第六感更強更敏銳、更公正客觀、更會解決問題，那你是不是也有可能在還沒搞清楚真正問題的狀態下，不管三七二十一就先給出了答案？

愛因斯坦說過，如果給他一小時解決問題，他會花五十五分鐘思考問題，剩下的五分鐘才來解決問題。

我猜你花在定義問題和解決問題上的時間，比例一定跟愛因斯坦的差很多。甚至，你有花五分鐘思考問題嗎？

導致問題解決過快的最大主因之一是腦力激盪。腦力激盪完全是從該做的事情去逆推方法，而且無助於大腦思考。我的客戶經常問我：「怎樣才能打造完美的購買體驗？」或「怎樣才能讓消費者選擇我們而不是競爭對手？」

腦力激盪強迫一群人針對「問題」丟出可能的解決方法。但是，由於沒人想和群體作對、不想因為給出一個可能出錯的答案而顯得愚蠢，或者因為說出想法而被指派**另一個**專案……因此大腦想不出太多好點子。

更好的方法（也是我用在客戶身上的方法）叫做問題激盪法。這是由問對問題研究所[30]提出的方法，而我是在我的愛書華倫·伯格[31]的《大哉問時代》中，第一次學到這個方法。

我不會介紹問題激盪法的整個流程，不過希望你能了解，提問有助於打開心胸，發現更多機會和可能性。問題激盪法會先丟出一個假設性的問題，例如「怎樣才能打造完美的購買體驗？」然後去想各種解決方法，針對真正的問題抱持有好奇心。

若我們將這句話變成「有一個完美的購買體驗」，我們就能立刻以提問攻擊這個假設：

- 什麼是完美？
- 對誰而言完美？
- 這個購物體驗是指什麼？
- 完美的體驗能夠延續至下一次購物嗎？
- 消費者真的想要或需要「完美」嗎？

問題可以沒完沒了。在我引領客戶進行這個活動時，不到半小時，他們就會想出幾百個問題。這能規畫出更明確的專案範圍：重點在哪裡、什麼事情不在專案範圍內。因此每個人都會對整體方向感到安心。

知道問題後就能想辦法解決。而且，就算我們本身受到制約，大腦天生就是提問好手。如果你有所懷疑，可以和一個四歲的小孩待在一起一到兩個小時試試。

好奇不會害死貓。

各位知道嗎？為了省事，其實我們都忘了這句名言的後半段了。如果只看這句話的前半段，而且只從單方面理解這句話，會像是在警告人們不要質疑太多，然而這句話完整來講是：「好奇害死貓，但查明真相的滿足感能使牠起死回生。」[32]

適當的好奇心可以使人活力充沛，並改變事情的發展。發揮好奇心吧！挑戰大腦偏好現狀的傾向和認知偏誤，用開放的心態了解自己的潛意識，才能知己知彼。小小的改變就能改善你與同事、顧客或任何人的溝通。

我在每一集的 Podcast 節目《機智事業》結尾都會說：「感謝收聽並且和我一起學習，記住，一定要深思熟慮（BE

好奇害死貓，這是真的嗎？

thoughtful）。」

「深思熟慮」也是我在 email 中用的結語，這句話含有各種意義。首先，BE就是字面上的意思，代表行為經濟學（behavioral economics）；而「深思」的意思則比字面上更深遠。

這個字的意思是，了解任何事都有重大的影響力，就像我前面提過的品牌迪士尼，思考事情背後的涵義非常重要。此外，這個字的意義還包括停止針對顯而易見的問題思考解決方法。想一想別人的潛意識會注意到什麼？以及如何取悅他們的潛意識，以吸引他們喜歡你的品牌。

沉思也有助於解放大腦。質疑為什麼並思考不同於以往的其他做法。別把一切視為理所當然，或假設你認為自己提出的第一道問題是貼切的（或是唯一的）。試想，還有什麼東西等著你去探索呢？

花點時間充分思考每一章的內容。你可以全部讀完之後再複習一次，或者照自己的步調閱讀。無論用什麼方式讀這本書，對當下的你來說都是正確的。

你準備好用行為經濟學挑戰自己的生活和事業了嗎？

第二部

概念

第五章
框架效應

假設你今天晚上想煮義大利麵，可是你發現沒有肉可以用來煮醬，所以趕緊出門購買。而此時，店裡放著兩種牛絞肉：

哪種牛絞肉更吸引你？

你會選擇哪一種？

如果你跟世界上大部分人一樣，就會選擇標示百分之九十去脂的商品。但是，為什麼？任何有邏輯的人（或者反應快的人）都會明白，「這兩種標示的意思一模一樣！」

就算脂肪含量百分之十的牛絞肉比較便宜，也很難說服大腦買下它，因為對潛意識腦而言，脂肪含量百分之十聽起來恐怖多了。

消費者一定都會買最好的東西嗎？當然不會！大腦會耍花招，根據接收資訊的方式，大腦會讓我們以為特定的產品比較好或比較划算。同時，雖然訊息有很多種方式可以進入意識領域（例如受到強迫時），但大腦實際上並不會這樣運作。

假設你把一幅絕美的畫作裱在一個劣質的框裡，這會不會影響你的體驗和對這幅畫的鑑賞能力？那如果你把一幅小孩的畫裱在一個很漂亮的畫框裡呢？

為什麼光是框就可以帶來差異？

因為潛意識腦會飛速評估每一件事，並且用假設來做決定（對所有事都是這樣）。品質好的畫框或畫龍點睛的細節都保證了商品的品質。

同理，任何文字、一句話或數字的呈現方式都會啟動大腦的這個機制。**怎麼說比說什麼重要。**

我與丈夫在二〇一七年搬離西雅圖，對當時的我而言，重新找一家美甲沙龍非常重要。丈夫的各同事不斷推薦我同一家沙龍，但我猶豫了很久才敢踏進那家店。為什麼？

因為店門口掛著一個巨型黃色招牌，寫著「榮獲《南方之音》雜誌二〇〇九、二〇一〇、二〇一一年最佳沙龍。」

問題就出在這個過時的招牌上，它傳遞出了負面的訊息給潛意識腦。就算意識層面沒有意識到，但是在二〇一七年看到這個標語，並不會讓人覺得：「哇！這家店一定很厲害。」你反而會想：「奇怪，他們後來六年走下坡是發生了什麼事？」

招牌的年代停在二〇一一年或許是基於正當的理由：可能是雜誌沒有持續調查並更新排行榜。但店家的美名是貨真價實的，因此還是能以此招攬客人。然而，招牌過時之後，店家就得換上新招牌，避免顯得老舊，令人產生負面印象。

與其列出年分，店家應該簡單寫上「**連續三年**榮獲《南方之音》雜誌票選最佳沙龍」就好。

雖只是小小的改變，但新框架卻讓一切大不相同。連續三年可以指任何時間。它可以是指四十年前，但又怎樣？潛意識腦不會如此詳細解讀這句話。潛意識腦只會看到店家得獎，至於什麼時候得獎，根本無所謂。

另一個關鍵因素是**脈絡**。假設史提夫和莎莉今天各有五百萬存款，向他們推銷商品時，你會把他們分類為同一客層，並用相同的文案，對吧？[33]

如果我說，昨天，史提夫有一百萬、莎莉有一千萬呢？情況會有所改變嗎？

他們看著銀行裡的五百萬存款，心情會一樣嗎？史提夫可能正開心自己的財產變多了，而莎莉可能正懊惱她的虧損（看第九章介紹更多損失趨避）。建立於自身故事和經驗的**框架**，塑造了他們各自的世界。思考著如何以最適當的方式向人們傳遞資訊時，盡可能考量並掌握背景脈絡相當重要。

選名字太重要了

有一次，我和先生在旅途中經過一家叫做「一般幼兒園」的育嬰中心。這名字聽起來很平庸，好像在說：「呃……我們還好。」

我滿腦子問號，心想：「天啊！怎麼會有人這樣命名？」

這樣的名字為業者製造了一個無法挽救的框架。

人們絕對不會想要付更多的錢，因為他們會假設這間育嬰中心的水準就是差不多而已，業者不會花太多的心思。誰會希望小孩在這樣的地方受照顧和學習？

就算業者只是想幽默一下，這也不是一個好笑話。

假設我想在他們隔壁也開一家幼兒園，我會取名為「最佳幼兒園」「A+幼兒園」「小天才幼兒園」，或「優於一般幼兒園」，老實說，我**隨便取名**都會比他們的好，因為我建立了更適當的框架。

把我這家框架效應更好的幼兒園，開在框架效應奇差的幼兒園旁邊，將能刺激我的銷售（詳看第八章的相對性），他們取的爛名字能讓我得到更多客戶。他們或許經驗老到、學費更低，但這些都不重要，因為選用效果差的框架（取了爛名字）會對事業產生負面影響。如果你或你認識的人也選用了不怎麼樣的企業名，我建議換掉（也請提醒你的朋友這麼做）。

房地產買賣業者就很會為框架效應挑選字詞，他們可以把負面的條件說得美輪美奐。[34]對大腦而言，「小巧舒適」聽起來比「狹小」好；「迷人」聽起來比「舊」更吸引人。

例如像是：「想居住在鄉間的人，一定要來參觀這間舒適又迷人的房子，戶外還有一大片土地能自行運用。」

這樣說，會比「沒錯，屋外的風景荒蕪到不行，偏僻到連開車上班都嫌遠，而且屋況又小又舊，周遭還沒有可供遮蔽的樹木，完全沒有隱私可言。」聽起來更好，且不同凡響（參考第六章促發效應）。

從各方面來講，一段敘述裡的所有形容詞，都可以被視為框架。在商品包裝上看到「百分之百天然」「有機」，或「農場新鮮直送」的介紹時，一般人會假設這個商品比較好。問題是，這些形容真的有實際意義嗎？還是只是商品名稱或廣告詞？

以 Simply Orange 為例。唐納．蘇德蘭在俏皮的廣告中表示，產品使用百分百柳橙製成，不含其他添加物或濃縮果汁。那其他擺在 Simply Orange 隔壁的罐裝柳橙汁呢？

他們或許採用相同製程，但你無法確定。你假設 Simply Orange 比純品康納或零售商的自有品牌更用心，但可能不是這樣。要販售一個產品時，即使人人都在賣這個東西，就要暗示消費者的大腦，你的產品是最好的。

這就是框架。一旦有人做了這樣的宣稱（就算每家競爭對手都有一樣的技術），稱號就會是他們的，其他人都要退居第二。如果其他人堅稱自己是第一，那只會讓自己顯得愚蠢，或只會提醒消費者，哪家品牌是第一個做出同樣的宣稱的。

數字的力量

環視周遭，幾乎所有廣告都有標示數字，例如「每五位牙醫中就有四位認同」「消滅百分之九十九．九的細菌」「百分之九十五的人會推薦給朋友」，或「百分之八十七的女性在六周內看到效果，百分之九十九則在六個月內看到成效。」

一旦開始搜尋數字，就到處都看得到它們。例如高速公路路標上會寫著距離市區還有多少公里；脂肪含量或零脂；百分之百全穀物；三倍口氣清新；雙倍潔淨力……我想，各位應該知道我在說什麼。

為什麼你以前沒發現這些大量存在的數字？那是因為當潛意識腦接觸到這些數字框架後，就能輕鬆做出選擇。數字幫助大腦替商品估價並進行比較。數字會協助大腦做決定，而不會使意識腦疲乏。記住，百分之九十九的決定都是在潛意識進行。你可以讓大腦順利地進行這個流程，或者讓資訊龜速地進入意識腦，而且很快地令你崩潰。

首先你要做的就是，從你的工作中找出數字。你手上一定有這些數字。然後，盡可能用各種方式呈現數字，並看看哪種方式比較吸睛。

我曾經建議一位客戶找出類似「百分之八十七顧客同意續約」的數據。她不斷翻閱資料後，告訴我他們想在網站和其他平台上放這個數據：「百分之七十八的顧客獲得附加服務。」

雖然格式和我建議的一樣，但**感覺**就是不一樣，所以我建議他們修改框架。我們把這句話改成：「每五位顧客當中就有四位獲得附加服務」，聽起來**感覺**更厲害吧？

你或許會疑惑，為什麼我建議用百分比來呈現第一個數字，但第二個數字卻建議用「每幾個人當中就有……」的格式來表達？

八十七是一個很高的比例，可以四捨五入變九十（在特定脈絡下，基本上等同於一百）。大腦認為這個比例相當高，但七十八只能四捨五入變八十，聽起來就低很多。同時請回想一下在學期間，七十八這個分數等於是C，在某些學校更是不及格的邊緣，所以對大腦來說，七十八帶有負面的意義。你也可以用八／一〇來表現這個數字，但在任何分數中，最好把分母約分到最小，所以可以得到四／五，儘管這兩個數字的意思一樣，但聽起來就是比百分之七十八甚至八十更厲害。

這些數字的涵義都相同，但為什麼看起來的感受大不同？
百分之七十八的消費者購買我們的產品。
八／一〇的消費者購買我們的產品。
四／五的消費者購買我們的產品。
大部分的消費者購買我們的產品。
一／五的消費者不會再回購。
框架效應超級重要。

我們可以用很多方法呈現與事業相關的資訊，而且不必對數字範圍錙銖必較：「一半以上」聽起來比百分之五十一更好、「絕大部分」聽起來又比百分之六十更強。

而且請記住，框架效應有正反兩面。想一想每句話的負面意思（因為就算潛意識腦忽略這一面，這麼做也能幫助你從各角度審視資訊），例如，百分之八十七的女性感受到效果，表示百分之十三的人覺得無效。

使用行話的框架效應差強人意

我的另一個客戶是一家金融機構，他們迫不及待想推出新的活存方案。他們請我協助審查文案，並且規畫在公司所有廣告上打上文案介紹：「年收益率百分之一．二六，最高可存兩萬五千美元。」

對大部分人來說（即使是熱愛數字的人），大腦都會直接忽略這則訊息，甚至不會去注意到這句話，尤其正以時速六十公里開車時。我建議他們換掉這句文案。最後拍板定案的是以下這句話：「你的活期存款去年有付你三百一十五美元嗎？」後來，該公司的活期存款服務每個月都成長了百分之六十。[35]

當然，算一算就知道，兩萬五千美元的百分之一．二六年收益率即為三百一十五美元，但大腦不會逕自幫你計算。懶惰的潛意識會說：「等一下再算！」然後就不了了之。

下決定前，花點時間檢視所有訊息可能產生的框架效應，不要看到第一個數據就認定是那樣。

框架效應應用

記住：怎麼說比說什麼重要多了。

實際運用：找出和事業相關的數字，以各種方式呈現它。可以用小數點、百分比、分數或文字表達。看看每一種方式用反面的立場來講又會有什麼感覺？哪個框架聽起來比較吸引人？哪個聽起來爛透了？客戶的參考架構會影響他們對這些數字的解讀嗎？

若手上沒有數字可以練習，可以使用下方這個例子：三百人當中有兩百五十六人願意把你介紹給朋友或家人。將這個數據改寫成：

正面的百分比：＿＿＿＿＿＿＿＿

負面的百分比：＿＿＿＿＿＿＿＿

正面的分數：＿＿＿＿＿＿＿＿

負面的分數：＿＿＿＿＿＿＿＿

正面的文字表達：＿＿＿＿＿＿＿＿

負面的文字表達：＿＿＿＿＿＿＿＿

其他：＿＿＿＿＿＿＿＿

更多框架效應

你可以在下列幾章看到框架效應：行為塑造（二十一）、訂價的真相（二十二）、如何賣出更多對的商品（二十三）、一連串的小步驟（二十四）、你在想什麼問題？（二十六）

我認為框架是行為經濟學中最重要的概念之一（這就是為什麼它可以當第二部分的開場，而且在第三部分亮相這麼多次）。

我也常在 Podcast 節目《機智事業》中提到它，而且有兩集專門在討論這個概念：

- **（第十六集）框架效應：怎麼說比說什麼重要。**這一集深入介紹框架效應，以及如何將框架效應應用在事業中。
- **（第十七集）釋放數字的力量。**訂價的時候，你是否猶豫過要以五、七、九還是〇當尾數？本集將告訴你什麼因素最重要？如何選擇？以及為什麼！

第六章

促發效應

我發現體驗是理解（並且最終能運用）一個概念的最佳途徑。我用下面這首詩作為本節概念的開場白：

在Podcast節目《機智事業》（主持人是我）
分享次數最多的是行為經濟學概念
開車兜風到海邊，在車上聽我的節目
新概念學不完，轉貼到社群網站
所以，你放什麼東西到烤吐司機裡（Toaster）？

我猜各位都看過這個謎語，你可能心想：「妳騙不到我的！我知道妳期待我會說**烤過的白吐**

司（toast），但答案是**麵包**（bread）」（貝果或其他東西）。

重點來了：你的**意識**層面很清楚謎底是麵包，但你還是提醒自己：「不要說烤過的白吐司。」因為你的潛意識腦受引導後，很自然的就會跟著韻尾說出答案。你的意識腦**知道**，答案不是烤過的白吐司，而你也許能阻止自己說出「toast」，但你無法阻止大腦第一時間自動想到「toast」這個答案。

人腦不只會受到押韻促發。圖像、文字、氣味、聲音、數字（參考第七章錨定與調整法則）及其他東西，都可以是促發因子。接下來的各類促發因子範例，能讓你更了解大腦有多容易受到影響。

視覺促發因子

請望著牆上或窗外的某個目標物，或盯著這一頁的某個單字五秒。

如果我跟你說：「當你認真盯著這個東西，眼睛其實早就掃視周遭環境約十五次了。」你相信嗎？

雖然我們沒有察覺到，但眼睛其實不斷在動（平均每秒三次），尋找周邊是否出現威脅物。[36]如果沒什麼事情值得注意，意識腦就不會收到警戒通知，因為它根本不需要知道，但這並不代表接收到的資訊不會影響行為。

這就是促發效應的運作原理。因此，雖然很多人會說自己「根本不會去看社群網站上的廣告」，或者「不會看電視廣告」，但真相根本並非如此。

假設你在等候室邊翻閱雜誌邊等叫號。在你翻閱的雜誌裡，混雜著假公司的假廣告，但你卻沒有察覺到。以下研究顯示，比起沒看過這本經過造假的雜誌的人，你更有可能認出或挑到假品牌（即便你根本不記得有看過）。[37]

就算資訊沒有進入意識，大腦還是不斷在吸收和評估所有的邊緣訊息。但如果大腦想要消遣一下，或著突然出現了有趣的東西，那你就會注意到。

你是否曾經覺得自己每次抬頭都看到同一個時間？很多人會頻繁看到十一點十一分、十二點三十四分或五點五十五分。你有沒有想過為什麼老是這麼巧？你或許覺得這隱含著更深的意義，但事實上，當眼睛不斷掃視，你的眼睛早就注意到時鐘幾百次，或者其他時間幾千次，只是潛意識都忽略了它們。其他隨機的時間不重要，無法呼喚意識腦。這也是為什麼你買了綠色的車之後，就會到處都看得到綠色的車。綠色的車原本就存在著，但以前你的潛意識腦透過經驗法則，認為不必浪費意識腦的四十四位元在這些綠車上（直到你覺得綠色車或時鐘上的特定時間很重要）。

視力在眼睛產生，但視覺在大腦形成。

如果眼睛不停掃視周邊環境，為什麼我們不會一直看到模糊的點？這是因為視力（百分之七十的感覺受器都聚集在眼睛）[38]在眼睛產生，而視覺在大腦形成。[39]人類透過演化而擁有跳視的能力，可以**同時**聚焦在一個東西上，並持續掃視周邊是否有威脅物，或潛在的刺激物。跳視讓翻書能產生動畫效果，大腦會把所有靜止的圖片編排起來，並自動串聯缺失的部分，然後建立流暢的動作。大腦會預測並自動補齊缺失的部分，讓一切變得連貫。厲害吧？

這也是我們喜歡保持現狀的原因，因為大腦負責維護我們的安全，並盡可能用現有規則評估事情。可預測性和效率息息相關，而且即使你（或你的顧客）在意識上沒有注意到某個物品或圖像，行為還是會受到影響。

問題出在包包

假設你被指定負責一件新專案後，來到一間會議室去認識團隊。[40]所有人都坐著，你開始跟他們討論眼前的工作，但是氣氛逐漸變得相當不愉快。怎麼每個人都這麼咄咄逼人而且難搞？你看得出來，新同事對資訊留了一手，你擔心這樣會拖垮整個專案。為了自己著想，你把自己的好點子藏在筆記本中，等待對的時機說出來，以防這些心機重的渾球搶了你的功勞。

如果我跟你說，會議室裡的某樣東西會讓同事之間變得更有敵意和攻擊性，你相信嗎？如果你曾經待過背包組，就會了解到，單是一個公事包（你或許根本沒注意到），就能影響所有與會成員的行為。對此，你會感到驚訝嗎？其他人在意識上也沒有注意到這個包包，但這項特別的研究發現，背包組的人比公事包組更團結。

另一項研究是[41]讓學生在觀看影片時，用一閃而過的商標（僅三十毫秒，所以意識腦不會察覺到）當成接收的促發因子，結果發現，看到蘋果商標的人比看到IBM商標的人，在作業上更有創意。同樣地，在接下來的測驗中，看到迪士尼商標的人比看到E!頻道商標的人更誠實。

一張圖勝過千萬字，但（就像你在本書第一部分學到的）強大的品牌是靠數百萬計的記憶撐起來的。

氣味

成人可以透過四千萬個嗅覺神經元，區分約一萬種不同的氣味。[42]嗅覺演化的目的跟視力一樣，是幫助人類存活。獵食者的味道不好聞，而獵物（即食物）聞起來則很香。大自然裡，對我們有害的通常會散發出我們不喜歡的味道，讓大腦迅速警覺到要趕快「離開現場！」由於嗅覺直接連結到邊緣系統（編註：即包括海馬體及杏仁體、且支援例如情緒、行為及長期記憶等功能的大腦結構。），所以聞到不喜歡的味道可以引發戰鬥或逃跑反應，而好聞的味道可以產生強烈的記憶或令人垂涎三尺。

視覺占了百分之七十的感官知覺，而嗅覺則與記憶有更多直接的關聯，能強化味道與記憶的連結。[43]人類對特定味道與相關記憶的連結，在十二個月後，準確率還能達到百分之六十五，而視覺在過了四個月後，就掉到只剩下百分之五十。

氣味有直接的路徑連結情感，而情感則與消費行為有直接的關係。這就是很多大品牌使用味道作為商標的理由之一。

如果你不是在行銷行業打滾的人，大概不會知道，其實你想到特定香氣就會聯想到最愛的品牌，這並不是巧合。ScentAir 這類公司就是在幫企業製造客製化的氣味，他們的客戶從餐廳到賭場都有。事實證明，氣味可以提升百分之十一的零售銷售量、百分之八的食物品質滿意度，以及百分之二十的顧客滿意度。[44]

氣味的威力之強不容小覷。例如：

- 讓空氣中瀰漫微弱的清潔用品味道，可以讓人吃完會掉屑的甜點後，清理桌上碎屑的意願增加三倍。[45]

- 餐廳裡如果飄散著檸檬的味道，客人會更喜歡點海鮮。[46]
- 賭客在賭場聞到愉悅的味道，下賭率會提升百分之四十五。[47]
- 評估鞋子好壞時，即使是相同的鞋子，一組放在沒味道的房間，一組放在瀰漫著花香的房間，百分之八十四的人會判斷在有花香房間的鞋比較好（而且估價高出十美元）。[48]
- 有一家超商在加油站旁散播咖啡香氣，結果使咖啡銷量成長了百分之三百。[49]

大腦往往會把情緒和味道帶給我們的感受連結在一起。如果想向陌生人問路，最好站在麵包店前而不是服飾店（這樣他們會更願意幫助你）前。[50]或者，你也可以投資聞起來像餅乾或烘咖啡豆味道的體香劑，因為這也可以激發人們的慷慨行為。另外：

- 在受試者房間噴灑迷迭香精油，會提升他們處理資訊的速度和準確度。[51]
- 讓自願者待在有花香的空間時，完成拼圖的速度快了百分之十七。[52]
- 讓患者在進行ＭＲＩ之前聞一聞香草味，可以降低百分之六十三的焦慮。[53]

臭味

瀰漫在空氣中的惡臭，是瞬間摧毀愉悅體驗的最強工具。回想一下，你是否曾經在走入旅館房間後，聞到一股菸味？或者霉味？抑或樟腦丸味？我想我們都有過這樣的經驗（對了，看到這些字詞的時候，你有沒有皺了皺鼻子）。

我們再試一次：「空氣中瀰漫的霉味和樟腦丸味實在令人作嘔。」

你有沒有皺鼻子？這就是氣味的力量，就算你聞不到也一樣！

再多豪華的設備和漂亮的景觀，都無法掩蓋臭氣沖天的死魚味。就像燒焦的爆米花可以讓所有人沒心情工作一樣，難聞的味道會降低客人的購買欲，並形成糟糕的購物體驗。

聲音

聲音可以引發不同的情緒並影響行為。[54]

假設你是一家餐廳的老闆，視你所要達成的不同目的，餐廳背景音樂或是該選擇節奏快的歡樂歌曲，或是慢調曲風。如果你希望提高翻桌率（平價餐廳），快節奏的歌比較會奏效。但如果你希望提高客單價，節奏慢的音樂可以讓客人坐更久、點更多（開胃菜、飲料、甜點）。[55]懂得怎麼賺錢，才能踩對油門。

慢節奏的音樂不只會影響用餐行為，在雜貨店和零售店播放慢調的背景音樂，可以創造悠閒自在的購物體驗並獲得好處。客人待在店裡的時間越長，表示更有機會逛到更多商品，並產生衝動性購物。

喔，對了，不要讓員工挑選音樂。儘管他們可能會不喜歡工作環境中的音樂，但符合品牌形象的音樂能讓客人在店裡多逗留二十分鐘（購買量也會增加）。[56]

如果是耳熟的音樂呢？顧客會自認為聽到熟悉的音樂時，會在店裡逛比較久，但事實上，他們聽到沒聽過的音樂時，逗留的時間更久。[57]

音樂類型有差嗎？若在雜貨店播放法式曲風，客人應該會比較想買一瓶法國紅酒（不過別擔心，下個禮拜換音樂後，客人就會改挑德國紅酒）。[58]而且音樂不只會影響民生消耗品的購買。派崔克．費根是捲尾猴行為科學公司的共同創辦人，他和我分享他二〇一四年所做的研究，研究結果顯示，消費者逛 eBay 的時候，購買行為也會受到背景噪音的影響。[59]聽流行音樂或真實對話（足球評論、財經報告）的人，比較容易買到價格合理的東西，而聽古典音樂的人容易買貴百分之五。其他會使人分心的噪音（人們在餐廳聊天的聲音、嬰兒哭聲）會打壞消費者的心情，對他們的選擇產生負面影響。

觸覺

光是觸碰商品就能大幅增加我們對物品的擁有感，然後大腦就會不想放走這個東西，[60]因此引發了覺知擁有感和損失趨避（第九章）。

同時，由於潛意識腦天生就渴望酬賞，因此大腦會不斷要你伸手觸碰物品。

你是否曾有過以下經驗：路過一家店時，看到一件很舒服的毛衣、軟綿的毯子或其他商品，然後忍不住想摸幾下？你根本不需要買新的圍巾，但這條圍巾看起來很軟而且舒適。**它是不是跟我想得一樣柔軟？哇！真的很舒服！**然後你迅速結帳，幫自己、朋友或家人各買了一條，因為你希望與別人分享這份禮物——這種**觸感**。

你會對箱子裡的商品又看又摸並不是偶然。有些玩具上會有一個大大的箭頭指示，寫著「按這裡」或「摸摸看」，雖然毛毯**不需要**包裝標示這樣的廣告詞以讓消費者體驗觸感，不過它們通常也會有這樣的標示。儘管讓消費者「試了再買」是企業的貼心舉動，但商家其實深知，觸覺能夠刺激銷售。

相同道理，讓客人在店裡試穿，也會大幅增加顧客購買的意願。

看到這裡，你可能會想問：「但如果是網購，要怎麼讓消費者實際摸到商品？」以上述商品來說，在消費者真正觸碰到商品之前，在亞馬遜或其他電商的廣告中，觸覺起得了作用嗎？

別懷疑，這就是觸覺的力量，沒摸到也能發揮作用。

我們來做一個小測試。請你想像有一張皮沙發，介紹文只寫著「材質：皮」。聽起來吸引人嗎？你會想摸或感受這張沙發嗎？你對它有興趣嗎？恐怕沒有吧。但如果介紹文改成這樣呢：「跟棉花一樣柔軟的巧克力色皮革」。

應該有讓你對它多了一點興趣吧。

用對描述可以刺激觸感中樞，讓你感覺**彷彿正在摸著商品**，引發覺知擁有感、損失趨避，並且增加購買的可能性。[61]

真相其實是：觸覺無論是發生在手上或僅存在於想像中，都會影響銷售。當人摸到實體，觸覺會產生最大的效用，但如果消費者無法摸到實物，仔細選擇文字、聲音以及圖像，則可以帶來大不同的結果。（別忘了鏡像神經元有多厲害！商品的體驗影片也會影響購買行為）

可以幫我拿一下嗎？

有一項實驗是，讓受試者在校園中走動，並且不小心撞到一個兩手拿滿東西的人，導致對方的書、手寫板、文件統統掉到地上。此時，被撞到的人說：「糟糕！不好意思，你能幫我拿一下這個，讓我把東西撿起來嗎？」並把一杯咖啡遞到受試者手上，有些受試者拿到的是熱咖啡，有些則拿到冰咖啡，但他們都不曉得自己被促發了。各受試者繼續開心走去研究室報到。他們被指派的任務是看完一段故事，然後寫下對故事主角的想法和意見。

你不會相信接下來發生的事。

相較於拿到熱咖啡的學生，拿到冰咖啡的人更容易把故事中的假想人物形容為冷漠、孤僻及自私。[62]

八竿子打不著邊的情境，影響了他們在任務中的反應。從這個例子中，我們可以了解到，大腦的聯想方式相當直接。冷飲＝冰冷的手＝冷酷的個性。

無論你採用文字敘述、影像或氣味，大腦的聯想都非常直接。就算只是改變字體大小，也能產生相同的作用（小字體＝低價）。[63]

字體也會改變我們對一句話的感受。在網站上放一個人喝著冰咖啡的照片，可能會讓潛在顧客打退堂鼓。我時時刻刻都在提醒客戶，無論事先有沒有預想到這些因素的作用，它們都會促發你的潛在顧客。所以在使用前，最好先了解文字、圖像、氣味對大腦的影響，並且確定這些素材符合品牌形象。

文字敘述

有一項知名的研究是，讓大學生重組三十個句子，學生被告知這是在測試語言能力。一組被分配到中性的句子；另一組則會看到具有促發效應的單字，而這些單字通常是人們對長輩的刻板印象，包括

照邏輯來說，放大特價價格是對的，但若字體小一點，價格看起來也會低一點。

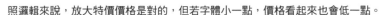

佛羅里達、老、灰色、細心、多愁善感、有智慧、賓果遊戲、健忘、退休、皺紋、古老、無助以及小心謹慎。[64]

等學生完成測試後，引導者指示他們到某處搭電梯下樓，同時安排另一個人坐在走廊。這個人假裝要跟其他教授會面，但其實他們藏了一個計時器，準備計算受試者從離開實驗室到抵達特定區塊，總共花了多少時間。

你猜研究發現什麼？

受到長輩刻板印象單字促發的學生，會花更久的時間通過走廊！

該研究也針對「粗魯」和「禮貌」的促發單字進行實驗，並將結果與控制組對照。每位受試者都被告知進行單字重組遊戲，完成後走出走廊，找教授進行下一個測驗。當他們找到教授，教授正在跟另一名「學生」交談（其實

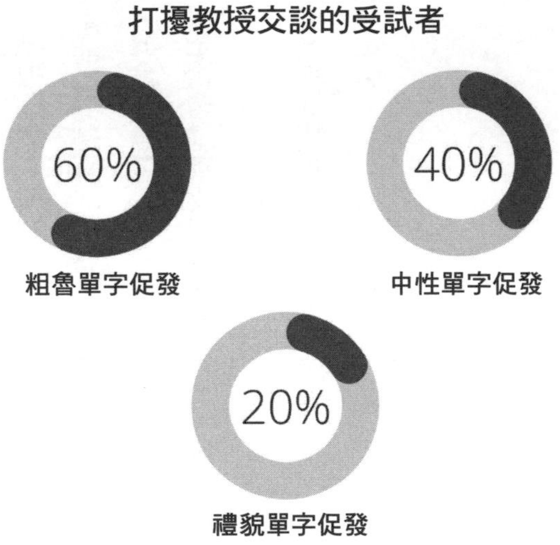

接收粗魯單字促發的參與者，打斷交談的機率較高。

他也是實驗的一部分，負責計時），接下來他會記錄受試者等多久才打斷教授跟他的對話，以進行下一個測驗。你可能已經猜到，粗魯組比控制組更沒耐心，而控制組也比禮貌組沒耐心。

接下來的實驗，測試了一個人身上兩種互相牴觸的刻板印象。所有受試者都是麻省理工學院的亞裔美籍女大學生，SAT分數相近。[65]她們被要求先填寫測試前問卷，問卷內包含了促發單字。一組接收與女性相關的促發單字（妳的宿舍是男女混合宿舍還是單一性別宿舍）；另一組接收與亞裔美籍人士相關的促發單字（妳的父母或祖父母是否會講英文以外的語言）。兩組都會與控制組進行比較。

完成問卷後，受試者會拿到十二題高難度的數學題，測試時間二十分鐘。這些年輕女性的能力相當，但她們答對的題數卻有差：

- 亞裔促發單字組：百分之五十四
- 控制組：百分之四十九
- 女性促發單字組：百分之四十三

我猜，大部分（就算不是全部）的女性受試者會說自己不認同測試中的刻板印象。她們或許在意識上會對抗這些成見，但就像本章開頭提到的「烤過的吐司」（toast）和「麵包」（bread）現象，潛意識腦的自動聯想功能還是會影響人們的行為。她們能力相當，但透過簡單的問卷受到促發後，分數立刻差了百分之十一。

你是否經常因為不夠謹慎，在顧客問卷中加入具有促發效應的問題，而在不經意間使得顧客調查存在偏見？你們公司新的徵才流程，有沒有刁難到某些人？在員工會議上講錯開場白，是否是導致團隊績效下降百分十一的原因，因此讓你反省講話前是否要三思？這些都是我幫客戶解決過的問題，你也可以透過行為經濟學的力量來找出並解決這些問題。

記憶

現在，你已經知道氣味會連結記憶，但有些記憶刺激可以很誇張地（直接）影響行為。例如，相較於被要求回想自己做過的善事的受試者，被要求回想自己背叛朋友的受試者，消毒手部的次數會高出兩倍。[66]

研究人員指出，這是潛意識腦想要「洗白」惡劣行為的舉動。而真正誇張的是，受試者消毒完手之後，成為志工的意願便會降低，因為他們在心理上已經「把手洗乾淨了」，而且不再有罪惡感。

促發效應的力量

我可以用一句話總結這一章：**每件事都很重要**。

你發想的文字或圖片等行銷素材以及一言一行，都是顧客會接觸到的品牌資產，因此皆適用上述結論。

既然你無法掌控一切，至少要把握你能控制的部分。

節目在進你的廣告前發生了什麼事？你的廣告招牌是不是掛在一個令人覺得壓力很大的路口上？而這些會如何影響消費者對品牌的聯想？

由於促發效應擁有很大的影響力，所以在第三部分的訂價策略中，還會介紹很多相關內容。網站設計、廣告，就像你在這些促發效應的例子中所看到的，幾個簡單的字詞、味道或圖片等小細節，都能帶來不可思議的改變。

另一件要記住的是，所有的研究皆顯示，民眾都認為自己沒有受到實驗物品的影響，或者會說自己根本沒注意到這些東西。

這就是為什麼了解行為經濟學的概念如此重要，因為人們無法告訴你他們會做什麼，以及什麼東西會影響他們的決策。

在建立行銷素材和品牌經驗時，要思考所有感官的使用性，並盡可能結合多種感官，以達到你想要的促發效果。另外，請記住大腦的反應是很樸實的。字體大一點是否會讓價格看起來貴一點？稍微改一下顏色或圖片會怎麼樣？在自己的品牌中嘗試不同的變化，看哪種方式能增加顧客非常重要。但在你開始盡情嘗試之前，請先讀完本書。書裡有很多值得思考的概念，也會告訴你正確的嘗試方法（第三部分）。

促發效應應用

記住：每件事都很重要，包括挑選與品牌形象符合的圖片、文字、氣味及其他促發因子。

實際運用：想看看你經營的品牌，如果你的顧客只能知道你家品牌的**一件事**，那會是什麼事？找出能和競爭對手做出差異化的因素（除了「有深度」「員工親切」以外）。你是否有向下授權？是否讓員工產生安全感？是否有幫員工圓夢？

翻閱字典，找出能引起促發反應的完美單字，亦即你閱讀或聽到那些字詞的時候就有**感覺**。

接下來，找一些能透過各種方式呈現這件事的圖片。對電腦軟體使用者來說，授權是什麼模樣？對事業經營者而言又長什麼樣子？

找出能將品牌想法具體化的促發圖片，巧妙地讓顧客順勢決定購買，並且讓他們深信自己找到符合需求的產品。

更多促發效應

你可以在下列幾章看到框架效應：訂價的真相（二十二）、如何賣出更多對的商品（二十三）、一連串的小步驟（二十四）、請問要點餐了嗎？（二十五）、你在想什麼問題？（二十六）、新鮮感和故事的力量（二十七）。

促發效應是我最喜歡的概念，因為便於測試，只要換張新圖片或單字就能改變一切。你可以在《機智事業》的下列幾集節目中學到更多促發效應和其他概念：

- **（第十八集）促發效應：為什麼你不該與一個手上有冰咖啡的人談棘手的話題。**可以作為本章的延伸，學習更多將促發效用應用在事業中的方法。
- **（第二十四—二十八集）深入探討各種感官。**讓你了解視覺、聽覺、觸覺、味覺及嗅覺的作用機制，以及這些感官如何與大腦連結、如何運用感官創造美妙的購物體驗。
- **（第八十九集）聚焦幻覺：為什麼一直想某件事會讓你感覺這件事很重要？**想多了解不斷看到特定時間的現象，以及這如何影響你的日常生活和工作嗎？你一定會愛死這一集。

第七章
錨定與調整法則

潛意識腦不曉得某件事的答案時，就會用猜的。或許有些人會以為潛意識腦是「根據知識」來進行猜測，但它通常是靠經驗法則，也就是所有行為經濟學概念的來源。潛意識腦每秒要處理一千一百萬位元的資訊，因此它會大量進行主觀判斷，在生活中引領你。

介紹本章概念時，我習慣問一個問題。雖然我無法知道各位的答案是什麼，但我相信你不會用 Google 找答案，請跟著感覺走就好。準備好了嗎？

南極的國王企鵝有超過一萬隻嗎？

你覺得有幾隻？

你腦中有浮現出數字嗎？

南極總共有五十九萬五千隻企鵝！你想到的數字是不是**少**很多？

接著我們來進行下一題。

世界上的國家數量有沒有超過一千個？

你覺得世界上有幾個國家？

世界上總共有一百九十五個國家。你的答案是不是**高於**這個數字？

發生了什麼事？

你的潛意識腦接受了我丟出去的數字，並假設我對國王企鵝或全球的國家數量有一定的了解（這也是我先用數字**促發**你的理由）。

如果我只是問：「南極有多少隻國王企鵝？」而不是用「有沒有超過一萬隻？」的開場白，你會想到不一樣的數字嗎？或者，如果我給你的參考值是一百萬？一千萬？甚至一億的時候呢？

我問國家數量的時候，懶惰的潛意識腦可能會自言自語說：「嗯，來看看我能叫出多少國家的名字。算了，這樣太花時間，太麻煩了。」如果我沒有給你參考值，潛意識腦就會運用經驗法則，比如說用估算的。你可能會開始想：「好吧，我知道北美有三個，然後還有澳洲、紐西蘭……看一下地圖好了。假設每一洲平均有二十個國家，不然我估多一點好了，因為我可能記不得絕大多數的國家……所以假設每一洲有三十個國家。這樣表示總共有一百二十幾個，再加上我剛剛提到的幾個國家，那我猜一百二十五個。」這個數字就很接近了。

但因為我提供了一千這個很高的參考值，所以你的大腦會跳過估算的過程，選擇最簡單的途徑。[67]「她一定對全球有多少國家有某種程度的了解，所以才會提供這個參考值。看起來有點多……但我知道的國家並不多……所以我猜六百。」或者你也可能想到了其他的數字。

任何完全隨機的數字都能發揮同樣效果，但照理說，這些數字不應該會影響問題的答案。

幾年前，我向一群女性企業家做簡報時，我請所有聽眾想一下自己身分證末兩碼數字。然後我請她們看一下我超級閃亮的項鍊，並猜猜項鍊的價格。你猜結果如何？

我告訴聽眾，「研究顯示[68]，相較於身分證末二碼是一或二等比較小的人，身分證末二碼比較大的人，例如八或九，通常會估得比較高。」

一位女性舉手說：「我的身分證末二碼真的是八、九（也太巧）！而且妳讓我猜價格的時候，我心裡想：『大概八十九美元吧。』但我又想：『不對，好像太貴，還是猜六十五美元好了。』」

這正是錨定與調整法則的運作方式。

（我要特此強調，身分證末二碼比較小的女性聽眾，估得價格低多了，大概是三十五美元。）

錨定（預先輸入腦袋的參考值）是促發的一種。身分證這類隨機數字的效果很快就會消失（所以身分證末二碼小的人才不會一直討價還價），而這類數字對於廣告、展示網購商品以及包裝訂價等都非常重要。

參考士力架巧克力

透過 Podcast 或演講分享某些事而獲得「知名度」其實滿奇妙的。我分享的以下這個研究得到了聽眾廣大的回響，聽眾大多會說：「就像梅莉娜的士力架案例！」[69]我寫的這篇有關士力架的文章，點閱率整年度都高居前十名。[70]這是觀眾看到的驚人例子之一。以下是我分享的內容：

店裡有兩個一模一樣的士力架陳列架。第一個架子標示「士力架巧克力——為你的冰箱買下它們」，而另一個則寫著「士力架巧克力——為你的冰箱買十八條」。我想，一般人都會覺得一次買十八條士力架很誇張，畢竟這種事並不常見。

負責寫文案的人通常會讓自己保持理智，避免在廣告上放入這個數字。你可能會想：「購買數量不受限！消費者想買一百條都可以。」或者，「別人會問我怎麼會想到十八這個數字？但我懶得為一個隨便想到的數字多做解釋。而且，應該也不會差很多吧……」

事實是，**真的**有差，而且差很多。

當標示上寫著十八而不是「它們」，士力架的銷售量增加了百分之三十八。百分之三十八！

為什麼？

如果你在店裡閒逛，看到一個廣告寫著「它們」，你的大腦根本不會有什麼印象。就算有，你也只會想：「好吧，拿個兩條或三條就好。」然後把士力架丟進購物車。但如果換成十八這個數字呢？這可能會讓你的潛意識腦停下來思考，因為這個數字太詭異了。你會想：「十八條？神經病啊。我比一次買十八條巧克力的人理智得多。我拿六條就好。」

你懂我在說什麼了嗎？

錨定與調整法則發揮了作用。意識上，我們會擔心是否該明確寫出這麼大的數字，但它們確實能大幅刺激銷售量，因為人們會用自己的方式與潛意識腦對話。

而且，稍微改一下問題的**框架**，就能引起大腦的注意。

使用「它們」這個詞的時候，只是把「零」這個字包裝一下而已，看起來就像是在問：「要不要買士力架？」若把「它們」換成數字「十八」，則假定交易已經成交。小小的改變就能巧妙把問題變得更值錢，好比在問：「你要買多少條士力架？」改掉一個字就能加入錨定，改變框架和整個潛意識的購買經驗。

《行銷研究雜誌》的同一篇研究也詳細介紹了其他商店常用的錨定技巧。

消費者看到「買十送十」時，比看到「每包一元」買得還多的原因，就在於錨定效應。這也是標示上限會讓消費者買更多的理由。該研究設定了三種情境：

- 每罐便宜十美分！
- 每罐便宜十美分！（每人限購四罐）
- 每罐便宜十美分！（每人限購十二罐）

你猜結果如何？一樣，你可能會想，有須要囤貨的人就會囤貨，但這麼想太理性了！在沒有限制數量的情況下，每位客人會平均購買三・三罐。但如果限購四罐，每位客人會多買一些，平均會購買三・五罐。限購十二罐時，銷量更是倍增！每人平均買了七罐！很扯，但情況確是如此。

錨定與調整法則

記住：別害怕偏大的數字。想想數字改變問題**框架**的效果。

實際運用：將數字放入一句意思不明確的話中，看看數字如何影響行為。你可以試試大的錨定數值（例如十八條士力架），或者小的也可以（也許會比較容易執行測試）。

從設定目標開始做起：你希望消費者看到訊息後會如何行動？

回顧一下我在國家數量問題中採用的數字一千。我用一千是因為我希望你能想到更大的數字。如果我希望你的答案接近一百九十五，我應該會挑二百五十或兩百。清楚目標是什麼後，就能選擇你要的錨定數值類型（低或高）進行測試！

更多錨定與調整法則

你可以在下列幾章看到框架效應：訂價的真相（二十二）、如何賣出更多對的商品（二十三）、一連串的小步驟（二十四）、請問要點餐了嗎？（二十五）

錨定是很有趣的概念，非常值得測試，因為就像你在框架效應中所學到的，只要放入對的數字，就能發揮強大的力量。錨定很容易進行測試，而且立刻就能著手，但開始前，請先閱讀下一章的相對性概念，因為這兩個概念通常會搭配在一起，就像喝牛奶要配餅乾一樣。請收聽以下這一集《機智事業》，以深入了解錨定概念：

- **（第十一集）錨定與調整法則：一個字拉升百分之三十八的業績**。除了糖果和國家，還有許多事物都能運用錨定。

我在這集中示範了如何在珠寶店、房地產、家具店、汽車銷售、服務業、公司內部，以及非營利事業等方面運用錨定法則！

第八章
相對性

人類無法評估單一物品的價值，有比較才能知道交易划不划算。而且我認為，我的朋友布萊恩．阿赫恩是把這個概念詮釋得最好的。他在著作《影響說話術》中用「東西原本不分昂貴或便宜，但比較之後就有了」這句話[71]，讓人牢牢記住這個概念。

如果要解釋書裡的那句絕妙佳句，我們可以如下假設。假設你走進了一間家具行，看中了一張沙發。你問銷售人員：「不好意思，請問這張沙發多少錢？」他們說：「九百美元。啊，抱歉！我說錯了，是**七**百美元。」

在上述例子中，七百美元聽起來很划算啊。但如果反過來，你問：「請問那張沙發多少錢？」他們跟你說：「五百美元。啊，抱歉！我說錯了，是**七**百美元。」是不是感覺差很多？沙發的價格一直都是七百美元，不是九百也不是五百美元，但這兩句話給你的感覺卻差很大。改變的只有脈絡。設定不同的**錨定值**後，能激發你對沙發的購買欲，抑或讓你覺得浪費錢。

十五美元的價值

十五美元永遠等值嗎？或者，價值是否會受到脈絡的影響？

情境一：你在逛一家商店，拿起一隻想買的鍋鏟，上頭標價寫著十六美元。排隊結帳的時候，你突然想起在市區另一頭，有家店有一模一樣的鏟子，而且才賣一美元。你會把鍋鏟放回去，然後去另一家店買比較便宜的鍋鏟嗎？還是你會繼續往前結帳？

情境二：你在進行客廳改造工程，並且找到一條非常適合的地毯，上頭標價寫著五百美元。排隊結帳的時候，你聽到有人說：「你知道嗎？市區另一家店有一模一樣的地毯，而且只賣四百八十五美元。」你會把地毯放回架上，然後開車到市區另一頭去買比較便宜的地毯嗎？還是，你會繼續排隊結帳？

如果你跟大部分人一樣，就會為了省十五美元而把鍋鏟放回去，然後開車繞去市區另一邊。但你卻不會為地毯做一樣的事。為什麼？

在「合理」的傳統經濟學中，無論是什麼商品，一美元（或者本案中的十五美元）應該要引發相同的行為。但是，很顯然並沒有。

商品的相對價格會影響行為，十五美元對一美元，感覺比十五美元對五百美元的落差大。但為什麼這樣會影響你的行為？事實上，不應如此。如果大腦邏輯更好，就會發現真正的問題應該是，「十五美元值得我花時間繞去另一間店嗎？」[72]

多年前我曾任職金融機構的管理行銷部門，當時我寫了一篇有關汽油價格和車貸的部落格文章。人們常常會開車繞去油價「更便宜」的加油站，我認識的人當中，甚至有人願意為了每加侖省十美分而多開十分鐘的車。假設車油箱總容量為十五加侖，從見底到加滿，你可以省下一．五美元。

我不想計算你燒了多少汽油才省下這一．五美元，但我很肯定，這一定會吃掉部分的「獲益」。

我就職的金融公司經常宣傳貸款重組的服務，以降低一％利率的優惠吸引客戶（這也是促使我寫上述部落格文章的主因）。很多人，例如那些願意為了每加侖省十美分而繞遠路的人會說：「一％利率根本不值得我花時間填貸款重組的申請表。這樣到底能省多少錢？」（人類真的很不會比較這類東西。）

按按計算機就會知道。假設你有兩萬美元的車貸，利率是八％，若利率降到七％，代表你每個月可以省下十幾美元。所以，只要花幾分鐘，可能比開車到油價「更便宜」的加油站把油箱加滿的時間還短，在網路上填好貸款重組申請表，每年就能省下一百二十美元。

在廣告中運用適當的溝通方式，是讓人們遞出申請表，為自己省錢（雙贏）的關鍵因素。本書介紹的行為推力，大多是教你如何和潛意識腦合作（並且避免吵醒意識腦）。但這個例子反而希望你可以嚇醒大腦，好凸顯你的訊息到會被注意到。相較於在網路上方便又迅速填好申請單就能節省幾百塊，為了每加侖省十美分而多開幾分鐘車程的行為，效果很差又沒效率。為了讓人們了解這一點，就必須讓大腦可以處理相對價值。一張令人驚艷的圖片或引發好奇心的email標題，就能**促發**消費者，讓他們準備好接收資訊，並立刻花幾分鐘申請。

以零售業為例

如果你有經營商店，那絕對要將相對性應用在廣告和訂價計畫裡。

Target百貨什麼都賣，而且從學校用品到衣服都很平價，所以假設你準備前去採購開學用品。一踏進賣場，你就看到門口擺放著兒童T恤，上頭標價九十九美元。你心想：「哇，這裡的價位變貴了。不確定今年買不買得起這裡的東西。」接著你走到服裝區，很開心看到T恤在特價，每件大概四十美元，所以你一次拿了三件，因為三件買下來比沒打折的一件貴一點而已！

真的是這樣嗎？

如果我跟你說，去年T恤每件二十五美元呢？

相較於二十五美元，四十美元感覺偏貴。然而，Target放了其他更貴的九十九美元的T恤，重設了你的**錨定值**並建立新的相對價格，因此四十美元現在看起來非常划算。賣場並不想要你買那件九十九美元的T恤（我的意思是，如果你**買了**，店家當然高興，但這不是他們的目的）。賣場唯一的目的，是讓其他商品的價格看起來便宜，這樣你才會買得開心。

這樣是不是不太道德？

很多論文都在討論這種做法的道德性，所以我不在本書中多說。基本上我的態度是，任何知識都有可能被錯用在「邪惡」的用途上。我的本意和意圖是希望所有人永遠都懂得使用從本書中學會的技能，用來幫助別人改善生活。

濃縮咖啡？

假設你開了一家電器行，並且決定要進一台濃縮咖啡機。由於店裡沒有其他咖啡的周邊產品，因此你把咖啡機放在微波爐和果汁機中間。咖啡機的標價是一百五十美元，你很有信心大家會搶著把它帶回家，但它卻一直乏人問津。六個月後，它還是待在那裡，沒被買走。

此時你會做什麼？

如果沒看過這本書，你可能會有兩個選擇：一、下架咖啡機，或者二、打折拋售。

但這兩種做法都是錯的。

你應該再進另一台外觀跟原本這台類似的咖啡機，但尺寸加大、價格也翻倍，然後把它擺在一百五十美元這台的隔壁。現在，客人走過去之後，會看到兩台濃縮咖啡機，並且有了可以比較的對象。客人會想：「嗯，花三百美元買濃縮咖啡機好像太奢侈了，但**另一台**看起來不錯，外觀又小巧，剛好可以放在吧檯上，而且這顏色多美啊！少去幾趟星巴克就可以買了。之後再換進階的就好了，這台入門款非常棒，而且價格很實在……」

恭喜！濃縮咖啡機售出。73

難解的熱量問題

你上完一小時的飛輪課程或跑了五公里後，滿身大汗地覺得自己消耗了很多熱量。很多人為了慶祝會允許自己多吃一點，然後說：「我今天有跑步，所以吃點點心無所謂。」覺得這是自己應得的，對吧？大腦會以點心來獎勵跑步的努力，但許多人的大腦卻完全估算錯熱量。

多年前，有一次我把運動紀錄上傳到健身手環，我的紀錄傲居全球排行榜前段班。健身手環顯示我消耗了三百卡，我感覺自己簡直強翻了，我心想：「沒錯！我真是太厲害了！」

但當我注意到一個小小的轉換表之後，我發現自己流的汗相當於一．二五瓶汽水或一片披薩的熱量。說實話，看到這項資訊後，我根本**不想**用吃來慶祝了！而且圖表讓這些資訊顯得更具體些。約翰斯・霍普金斯進行了一項研究，並善用了這個心理。[74]他們在超商的汽水瓶貼上標語：「跑五十分鐘才能消耗這瓶汽水的熱量。」（我的天啊！）

標語一出後，青少年購買含糖飲料的消費量就下滑了。由此可知，相對性並非只能用在價錢上。找到對的相對點（加入**脈絡**），就能促進健康的行為，造福人群。

但是，請謹慎選擇比較對象。對你來說顯而易見的對比資訊，不一定可以刺激你的客群改變行為。例如，二〇一九年有一則廣告原本是希望民眾少喝汽水，卻在網路上歪樓爆紅。[75]這則廣告問：「你會吃六個甜甜圈嗎？」以為這樣可以嚇阻看到的人，但民眾立刻在推特上討論最多可以吃幾個甜甜圈，而且不會有罪惡感。

若想推動消費者的行為（更多內容請看第十三章），了解觀眾並用他們的語言溝通非常重要。如果不花點時間去測試這些概念（第二十八章），就可能像這個例子一樣一敗塗地，不僅適得其反，不旦沒阻止民眾喝汽水，還讓人以為大吃甜甜圈很健康。

相對性應用

記住：脈絡決定價值，一切取決於相對性。

實際運用：用產品來測試相對性是最簡易的方式。我們會在第三部分詳細討論這個概念，但就目前的測試來說，只要先想想你公司最棒的產品或服務是什麼就好。

- 產品或服務包括哪些內容？
- 能帶來什麼好處或能解決什麼問題？
- 你有一台「三百美元的濃縮咖啡機」作為比較對象嗎？（也就是，相似但價值明顯較低的商品，讓消費者可以進行比較，看到最有價值的產品）如果沒有，請立即創造一個（設定高錨定值），展示出CP值最高產品美好的一面。

你不必在當下就設想得完美周到，想到什麼就先寫下來，或許日後隨時能派上用場。

更多相對性

你可以在下列幾章看到框架效應：訂價的真相（二十二）、如何賣出更多對的商品（二十三）、一連串的小步驟（二十四）、請問要點餐了嗎？（二十五）

企業必須了解並妥善運用相對性來展示自己的價值。收聽以下幾集《機智事業》，學習更多相對性的概念：

- **（第十二集）相對性：大腦無法就單一項目評估價值**。推出產品時，實際進行測試，就能讓相對性和錨定效應發揮最佳效果。

• **（第八集）價值是什麼？**你的事業可以從價值兩百一十四美元的烤起司三明治中學到什麼？多到數不完。

第九章
損失趨避

人們不喜歡失去東西，這一點你應該不意外。如果你曾經看過孩子們在玩，就能親身體驗到這句話。

假設有兩個小孩在房間裡。哥哥開心地在房間裡玩玩具，他的身邊有一堆玩具，一個人一次根本玩不完。此時，妹妹走近一個放在最邊緣、哥哥幾乎碰不到的玩具，結果哥哥突然大吼：「不行！」並眼眶泛淚地說：「我正好要玩那個！」隨便一個玩具，有可能是空箱子裡的任何東西，或變形金剛或芭比娃娃，瞬間就變成了哥哥愛不釋手的最愛。但他也不准妹妹碰其他玩具，因為他不想失去玩**任何**玩具的機會。

身為父母的人都知道這有多離譜，但是，你的潛意識腦也整天（而且是每一天）都在做同樣的事。我們一直都在做著這種行為，只是我們知道該如何控制好、憋在心裡而已。

潛意識腦基本上是一個兩歲的小孩，當其他人要玩你的神力女超人芭比，你就會立刻抓狂，就算你當時根本沒在玩。

這消息很令人沮喪，卻是事實。

失去還是得到？

所以，我們在職場上和社會上都做了什麼？很不幸地，我們完全搞錯了方向。看到這種行為時，我們會說：「人們喜歡得到，那就應該給他們更多！」

我們用集點卡和紅利回饋打造出一個以獲得為出發點的社會，試圖建立顧客忠誠度，但通常這些集點卡都是被壓在駕駛座或儲物箱內生灰塵。

驅動行為的主因是損失，而非獲得。在你用「但我不想籠罩在負面思考或恐懼下。」反駁我之前，先別擔心這些。

為了讓你了解兩者的感受有何不同，你可以想像兩種情境，並試著切實融入當下的情境中。我保證，這兩種情境都很簡單。

情境一：某天早上，你抓了一件許久沒穿的外套來穿。在穿外套的時候，你從口袋裡挖到了二十美元。「太幸運了！」你心想。

你心情如何？應該是好到不行吧，畢竟這種事不會天天都有。你可能會跟一些人講這件事，也或許不會。但你明天還會繼續炫耀撿到錢嗎？下周呢？你下次拿起這件外套時，還會記得曾經在口袋裡找到二十美元嗎？或者，明年遇到一樣冷的天氣時？應該不會。

情境二：想像你正要參加一個只能付現的活動。你迅速算了一下，認為一整天下來一百美元就綽綽有餘，可能還有剩。你順路去了一趟提款機提款，當你要付停車費，你發現只有四張二十美元的鈔票！你翻遍座椅的縫隙、重新檢查皮夾，想看看是不是有兩張紙鈔黏在一起，有嗎？沒有。你**丟了**二十美元。此刻，你的心情如何？

我猜應該是差到不行吧。你會跟別人說**這件事**嗎？你每次開到這個停車場，或看到該活動的廣告時，都會記得這件事嗎？用這台提款機的時候呢？即使不是銀行或信用社的錯，你會不會照樣怪罪他們「偷了」你的二十美元？你以後會不會拿這個故事來跟孫子說嘴？

也許你不會那麼極端，但我相信，你失去二十美元的感受一定大於「找到」二十美元的快樂。為什麼？既然金額一樣，感受不是也應該一樣嗎？這是傳統經濟學的講法。但若傳統經濟學的模型永遠不敗，就不會出現行為經濟學了！

經濟損失

丹尼爾・康納曼和阿摩司・特沃斯基是行為經濟學先驅（其他人先不提），他們已經找出科學證據來佐證這個法則。

研究顯示，人們必須從獲得中得到兩倍的快樂，才能平衡失去的痛苦，[76]各行各業和各種測試方式都會出現這樣的結果。以下幾個例子教我們如何在不引發負面情緒的情況下，讓損失趨避產生作用。

信用卡

很多金融機構會發出這樣的宣傳訊息：「本月刷卡滿二十筆，就能得到五十美元的回饋。」這樣的出手很大方，但很多人並不會用到這類服務的好處。你收到這樣的傳單後可能會想：「哇，五十美元，那我一定要刷好刷滿！」接著，三個月後，你又看到那張傳單，心想：「機車，我一定是忘了。下次我**絕對**會拿到回饋。」就像這樣，這件事已經不在大腦的處理清單中。

那如果反過來講呢？若把這句話改成：「我們已經把五十美

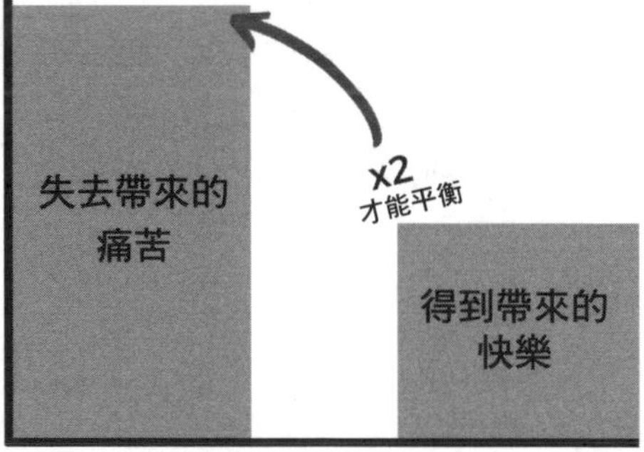

從獲得中得到兩倍的快樂，才能平衡損失帶來的痛苦。

元存入您的戶頭。如果您這個月刷滿二十筆，就能留著這筆錢。」你能感受得出兩者的差別嗎？[77]

哪一句更吸睛？

「本月刷滿二十筆，就能得到五十美元。」

「我們已經把五十美元存入您的戶頭。如果您這個月刷滿二十筆，就能留著這筆錢。」

將含有獲得意味的訊息，變成帶有失去意味的訊息是**框架**的一種，在第五章中，我們會學到更多相關概念。

誘因

很多人在別人完成一件事後才會發給獎勵，但這種做法是最好的嗎？賓帝．庫瑪是 Zydus Wellness 的顧客行銷部門主管，他與我分享了在印度農村激勵業務員的例子。[78]透過傳統做法，業務員平均都達到了目標業績的百分之四十至四十五。但研究團隊加入了一些變化，讓每位業務員都拿到一張大支票，獲得全額獎金，並且告知他們錢已經躺在戶頭裡，但是沒有達到目標業績的人，下次就會扣除這筆獎金。

這次，百分之七十的業務員都達到了目標業績。

激勵

你是否曾經列了一堆待辦事項，最後卻不得不把一些事情挪到隔天再做？或許這樣問比較恰當：你是否按計畫做完每一件事，從**沒讓**上述事發生過？受到樂觀偏差的影響（這在第四部我們會談到更多），人們常常太看好自己，而且學不到教訓。這種行為衍生出的問題是：「我這周沒完成目標，但我發誓下次一定會做得更好。」無論你是想激勵自己還是團隊其他成員（若你是心靈教練或私人健身教練，面對的則是顧客），你都可以透過我的罐子法（jar method），善用趨避法則達到你要的效果。

罐子法是配合潛意識腦這隻大象，調整對話方式和訴求，而不是試圖與意識腦溝通。

以下是罐子法的運作方式（以心靈教練協助顧客為例）。首先，請蒐集一些乾淨的玻璃罐，我喜歡用可重複書寫的貼紙貼在瓶上，然後在每一個玻璃罐上寫上一位顧客的名字。下次見到顧客時，跟他們說：「看到有你名字在上面的玻璃罐了嗎？如果你每周都說到做到，我就放十美元到罐子裡。到了年底，無論累積了多少錢，都是你的。」為了避免懶惰的大腦不想算，我可以先告訴你，如果顧客每周說到做到，到了年底會有五百二十美元。

每一次與顧客碰面時（無論是面對面或視訊），都要把罐子放在顧客看得見的地方。不必刻意提醒顧客注意這個罐子，瓶身上的名字和裡面的錢就會不斷**促發**他們，提醒他們設定的目標和承諾。最後，顧客比較會設定務實且能達到的目標，打造良性循環（也讓你成為更成功的教練）。小小的改變就能創造雙贏局面。而且，好消息是，第三部分還會介紹更多技巧，教你如何改善自己訂下太多計畫的傾向。

汽車

回想一下你上次買車的情形。業務員是不是會這樣說：「這是標配，我們會用標配來計算您每個月的帳單。然後，這裡其他所有功能都可以選擇加裝，包括有電動窗、皮椅、天窗、導航系統。選好您要加裝的設備後，我們會把費用加上去！」

或者，他們是這樣說的：「這是我們為您推薦的車款，這裡是每個月的帳單。」如果你看到金額後面有難色，業務員就會說：「這裡是全部配備的清單，您可以跟我說要移除哪些項目。」

業務員當然是說後面這一段，因為妥善運用損失趨避，可以讓消費者買車的時候加裝更多配備。[79]第一個版本把損失趨避的焦點變成你戶頭裡的錢（「少了備用鏡頭可以省兩百美元」）。

第二個情境則是讓潛意識腦認為你已經擁有這台超厲害的車，損失趨避的焦點是這台車。讓你覺得：「嗯，有後備鏡頭也不錯，兩百美元除以六十個月，換算下來每個月才三．三三美元，也就是說，每個月淋漓盡致用到五美元就回本了！」

進行價值定位以提供顧客選擇時，無論是新車還是糖果，讓顧客產生擁有感是讓損失趨避發揮作用的關鍵點。

促進健康行為

假設你的目標跟大部分人一樣是多走路。為此，你買了一個健身手環，計畫每天走一萬步。你覺得過多久你才會對目標疲乏而且失去動力？如果可以在手機上設定「若**沒有**達標，當天所有的非必要APP就會被鎖住（社群媒體、地圖、遊戲）」呢？或者，若步數沒有準時達標（或者沒有吃藥），手機就會自動傳簡訊給你媽呢？

在上述情形中，你會更堅持不懈嗎？

面對這些情景，艾琳・霍爾茨瓦爾斯跟我說：「不是只有你一個人是這樣的。」

艾琳是 Pattern Health 公司行為科學的主管，也是杜克大學丹・艾瑞利中心進階後見之明中心主任，她主導了一系列的實驗，主要探討損失趨避如何讓想照醫生囑咐，多運動、吃得健康和按時吃藥的人可以持之以恆。她發現，如果受試者會因為沒遵照囑咐而無法開啟手機APP，就會更努力執行健康計畫。[80]威脅他們不能再上推特，就能讓他們從沙發上站起來多走幾步路！

為了讓別人（就算是數位化人物）免於懲罰也可以促使我們改變行為。大家還記得電子雞嗎？[81]電子雞在我還是學生的時候風靡了好幾個月，我朋友和我至少都有一隻像素寵物，上面還有一個鑰匙圈吊環，主人必須整天一直餵食並且照顧這隻雞。如果太久不理牠（例如上課中），牠就會生氣或生病死掉。主人的首要任務就是避免牠死掉。在手機尚未普及的那個年代，很多人都會在上課時偷偷從背包拿出電子雞來看一下，確定牠還活得好好的。

Pattern Health 了解這個有趣的現象後，開發了會反應使用者行為的虛擬寵物，如果有達成每天的健康功課，牠就會活得好好的，但如果使用者沒達成目標，牠也會跟著受苦。[82]

從我小時候玩的電子雞就可以知道，人們會因受到鼓勵而去照顧其他人，即使是像維吉爾龜這樣的虛擬寵物（維吉爾是 Pattern Health 為吉祥物取的名字，但使用者可以替自己的寵物命名以加深連結）。而且使用者的確會對虛擬寵物產生依附。讓寵物快樂的動力有助於 Pattern Health 的使用者盡全力達成目標。如果維吉爾察覺使用者即將忘記做某項任務，牠就會

維吉爾龜需要你的幫助！

害怕得躲進殼裡。當使用者完成任務，牠就會跟使用者一起慶祝！擔心失去維吉爾（或者對你生氣）的恐懼，足以激勵使用者按時吃藥或完成健康功課。

別太偏激

你可能注意到，許多公司都開始用損失趨避來說服使用者訂閱電子報，但卻是用更偏激的方式。相較於簡短一句：「想訂閱嗎？要或不要？」他們會這樣說：「想訂閱嗎？」

- 「要！」
- 「不要，我對存錢一點興趣都沒有。」

好在哪裡不易察覺，但這招很快就會失去效用。

我看過最扯的是一個只須付運費和手續費的健身ＤＶＤ。在第一筆交易都還沒完成前，他們就已經在推銷其他課程。他們提供的選擇不外乎：

- 「買！將全身脂肪燃燒ＤＶＤ系列加入我的訂單，一次買齊只要二十五美元。」
- 「不必，謝謝。我對迅速打造理想體態沒興趣。我知道這是遇到優惠的唯一機會，但錯過也沒差。我知道，如果這次沒買，以後付再多錢都買不到。」

哈！這會不會太偏激啊？而且還囉哩叭唆的。大部分大腦在閱讀這段文字時會想：「我打賭，如果我真的想買，他們肯定會賣給我。」或者「走著瞧！」業者將損失趨避運用在啟動潛意識腦規則和觸發意識腦警鈴之間的地帶。太偏激可能會被拒絕（而且可能會傷害品牌）。

一般來講，我建議你不要用本書學到的干預技巧（這些都是有助益且符合道德的方法）來耍弄消費者。反過來，你應該提供顧客喜歡的好產品和服務，然後運用行為經濟學的概念讓顧客了解好在哪裡。這樣效果才會更好。

損失趨避應用

記住：獲得必須帶來兩倍的快樂才能平衡損失造成的痛苦。

實際運用：使用非負面的損失趨避陳述是框架的一種。找出幾種常見、以獲得為出發點的廣告文，然後以損失趨避的方式改寫這些廣告文。

我先用本章開頭的例子做示範。「本月刷卡滿二十筆，就能得到五十美元的回饋。」這句話可以改寫成「我們已經把五十美元存入您的戶頭。如果您這個月刷滿二十筆，就能留著這筆錢。」將訊息重新框架。現在，換你小試身手：

買十送十＿＿＿＿＿＿＿＿＿＿＿＿＿＿＿＿＿＿＿＿

達成業績，就能得到五百美元的獎金＿＿＿＿＿＿＿＿＿＿

自己想一個＿＿＿＿＿＿＿＿＿＿＿＿＿＿＿＿＿＿＿＿

更多損失趨避

你可以在下列幾章看到框架效應：訂價的真相（二十二）、新鮮感和故事的力量（二十七）

多練習才能熟悉用損失趨避的方式重新框架訊息，而且潛意識腦一開始可能會反抗損失趨避，畢竟身邊有太多主打獲得的例子！主打獲得的訊息看似效果最好，但相信我，加入損失趨避等於是開了外掛。如果稍微改變說法就能讓好處加倍，何樂而不為？《機智事業》有一集節目深入探討了損失趨避，有助於你加深對此概念的認識，並學習到更多把損失趨避應用在事業中的技巧。

- **（第九集）損失趨避：為什麼買新東西就是不一樣？**行為經濟學基礎篇。本集談了更多應用方式和相關研究。

第十章
稀缺性

波本威士忌是全世界最難入手的名酒之一。金賓威士忌每年生產八千四百萬隻酒，而波本據說只有八萬四千隻。如果你可以在零售店找到人人夢寐以求的二十三年溫克爾波本威士忌（別忙了，找不到的），定價要二百七十美元。但如果你真的找到一瓶，而且能說服主人割愛，以現在的行情，那大概會花掉你三千美元。83

在傳統經濟學中，限量的商品會產生稀有性（低供給），但想得到產品的欲望卻是無限的（高需求）。這個原則適用於石油、水等天然資源，以及時間等抽象物質上。時間是一項非常稀有的資源，我們都希望自己可以有更多時間。而且就各種層面來說，每一種資源（沒有任何東西真的無限量）都有稀有性，我們知道某個東西數量稀少時，會發生什麼事？

這就是**行為經濟學**派上用場的地方（而未開瓶的溫克爾波本威士忌將被擺在櫃子裡長灰塵）。

某研究對同一隻錶製作了兩種版本的廣告，一個版本寫著「新版。庫存量多」。而另一版本則寫「獨家限量版。要買要快，庫存有限」。[84]

你覺得後來的情況會怎樣？

看到廣告上說，手錶量少時，消費者會願意為獨家限量而非「庫存量多」的商品多付百分之五十的價格。

請記住，兩個廣告宣傳的是**同一隻錶**。

再想一下郵票的情況。即使是正常漲價，郵票每張還是大概只值五十美分，除非印錯。世界上最昂貴的郵票是「英屬圭亞那一分品紅郵票」，你知道它價值一千一百五十萬美元嗎？怎麼那麼貴？因為數量有限，而且全球僅存……但誰在乎這個？（抱歉了，如果你是郵票迷）

又或者，例如美國政府發行的第一款銀幣。這款銀幣叫做「飄髮自由女神」銀銅幣，在拍賣會上以一千萬美元售出。這批硬幣連續鑄造了兩年（一七九四年和一七九五年），更是聯邦鑄幣局成立後首次發行的硬幣。但你知道隔年發行的硬幣又值多少錢嗎？一七九六年發行的波浪頭像硬幣只值七百九十四美元（若想到這只是**一美元**的硬幣，還是很貴），若其狀態是「確認未使用過的錢幣」，價值則高達五萬九千五百四十八美元。

稀有性和價值關係密切，而且在這樣的情況下，瘋狂的大腦會莫名認為少即是多。[85] 稀有性同時也與損失趨避有密切連結，但兩者卻不一樣。

趁銷售一空前先囤一波

如果你是好市多的會員，你應該會去那裡購買所有物品。他們之所以敢鼓勵會員囤購喜歡的商品，不只是因為有大量的庫存，也因為如果你明天再來，這些東西可能就售罄了。這就是稀少性心態。

但若你經營一家零售店，你將很難照這樣的經營模式操作。你能否想像以下的情況？一位客人進來問你說，他想買昨天（或一小時前）看到的東西，然後你回他：「不好意思，全部賣光了。我們店的貨跑得很快。」而你也不盡力幫客人訂到他想要的東西，因為沒了就是沒了，同時你也很清楚，最後這位客人會像其他客人一樣，從這個經驗中學到教訓。

當然，服務還是很重要。你應該親切地提供協助，但只有在商品真正缺貨時，稀有性才能發揮效用（表示不是每個人都能買到）。

好市多之所以能以這種方式經營，是因為他們有完善的退貨規定。這讓消費者在採購大量商品時，不會害怕下手後後悔，因為不想要就能隨時退還，而且消費者寧願有備無患。不滿意就能退換貨的保證，是一個很棒的服務，而且值得大肆宣傳一番。大部分消費者並不會用到這個規定，因此好處還是大於風險。

百分百滿意保證絕對是好的策略。提供這項服務能讓消費者先試用商品，避免擔心買了後悔的心理。研究顯示，凸顯這項服務帶給企業更多好處。[86]會用上退貨服務的人比想像中少，而且賣出去的商品（尤其搭配稀有性的廣告文）將遠超過退回來的。

秋季官方飲品

星巴克成功讓三個英文字母：PSL（全名稱為 Pumpkin Spice Latte，南瓜拿鐵），變成秋天的同義詞。不管這個飲品再夯，整年也就只賣那幾周而已。

稀有商品自有其生存之道。南瓜拿鐵在推特上的帳號是 @therealPSL，你知道它有十一萬個追蹤者嗎？該帳號於二〇一八年八月二十八日的貼文：「我只是來跟大家說我回來了！讓我們在現實生活中敘敘舊吧！」得到了兩千三百個讚，六百五十四次分享和八十八則回覆。[87]

稀有性可以帶來狂熱的追蹤者，這代表其他人可以幫你做行銷。狂熱的追蹤者會興奮地討論相關消息並轉發這些訊息，讓品牌的知名度大到你無法想像，這無法靠單打獨鬥做來。口碑具有很大的力量，而稀有性可以大大激發口碑行銷。

想一想星巴克席捲全球的獨創飲料：獨角獸星冰樂。

不像星巴克其他銷售期間至少約一個月的限量飲料，獨角獸星冰樂通常只賣五天，很多分店不到兩天就賣完，而且是在幾乎沒有任何行銷的狀態下（只有幾篇推特文和一篇在上市當天發的新聞稿）。很明顯，獨角獸星冰樂在一周前就已經先做好上市預告，並且引發網路熱議。

星巴克有很多造成民眾瘋搶的稀有性產品，包括紅杯。全球每年都有人搶著第一個在網路上與這個夢幻杯子自拍。結合稀有性與社群媒體後，效果好到令人吃驚。針對這主題，在下兩篇討論羊群效應和社會證明的章節裡，會有更多相關討論。

能引發稀少感的單字

有些單字會自動引發消費者大腦的產生稀少感，例如：

- 限時
- 完整版
- 訂製
- 手工
- 獨一無二
- 出清拍賣

• 一件不留
• 最後機會

如果要進行促銷或優惠折扣，期間務必要短，結束時也要記得通知消費者。

以上那些詞語能加進商品和服務裡。大腦看到那些詞語時會想：

• 「這東西全世界只剩下一個了嗎？我最好快點下手，免得被其他人捷足先登！」
• 「這個票價的機位只剩下兩個，現在還有八個人在瀏覽飛往芝加哥的班機？我一定要趕快搶到！」
• 「這個月只剩下這一個空檔？她這麼搶手代表她是這裡技術最棒的，我最好快點預約。」

記住，時間是相當貴重的商品，而且能提供的商品數量有限。

與其說「我很忙，但還是可以擠出時間給你。」通常在時間上有所堅持會讓你顯得更有價值（就像好市多在產品的供應量上有所堅持）。想想醫院診所、按摩師及牙醫，他們的時間只要被約滿了就是沒了。有時候，這表示預約要排到好幾個月之後。這會讓你覺得醫師的時間比較貴重，而且你不太會想取消預約，對診所來講也是一個好處。

如果你說：「我下周只剩下一個空檔，你要不要現在就把這個時間約下來？」大腦就會變得緊張害怕，而且不想錯失機會。

稀缺性應用

記住：量少價值就高。

實際運用：任何產業或職務，應用稀缺性概念最簡單的方法就是拿時間來測試。人類喜歡一次計畫很多事情，而且覺得我們應該竭盡全力滿足別人的要求。為你的行程訂下原則，例如五點以後不安排會議或周四不開會，並秉持原則。如果有人問你周四有沒有空？你可以回說：「周四不行，周五十一點怎麼樣？」

請忍住想要解釋或交代**你很忙的原因**，但回應的態度依舊要親切、配合。回答：「嗯，周四不行，因為我整天都要跟客戶開會，周三也無法，因為……」只是在繞遠路跟別人說他們的重要性比不上你正在做的事。當你不多做解釋，原因就顯得不重要，而且能讓稀缺性不言自喻，如此才能提升價值。忙沒有錯，拒絕別人提出的第一個時間也沒錯，你不須為此道歉。稀缺性會讓別人更珍惜你的時間（還有你），尤其如果你回答得很落落大方。

更多稀缺性概念

你可以在下列幾章看到框架效應：訂價的真相（二十二）

稀缺性是**眾所皆知**的行為經濟學概念之一，但只有少數人懂得妥善運用。我們都擁有很多稀缺性資源，在適當的**框架**中，稀缺性可以激發人們採取行動，並且令人自覺更有價值。在以下幾集《機智事業》中都有談到稀缺性：

- **（第十四集）為什麼我們覺得少量代表價值更高？**這一集內容相當有趣，談到了星巴克、迪士尼、好市多以及鑽石的驚人故事。你知道鑽石根本就不稀有嗎？
- **（第四十七集）好市多：行為經濟學分析**。向模範生學習，看好市多如何結合稀缺性和其他重要的行為經濟學概念來提供價值。觀察、分析好市多的經營，學習更多能運用在事業中的技巧，以及了解你適不適合這麼做。
- **（第七十三集）星巴克：行為經濟學分析**。這集的內容類似好市多那一集，下載率迅速竄升至《機智事業》所有集數的前三名。

第十一章

羊群效應

如果你把兩個相同的食物放在一群螞蟻前，且距離相同，[88]牠們只會撲向其中一個，後方的螞蟻會不斷跟隨前面的螞蟻朝同一食物前進，卻對另一個食物置之不理。

為什麼螞蟻會無視眼前其他的食物？邏輯上來講，這並不合理。但人類也會做同樣的事。喜歡群聚的大腦通常靠線上評價和客人數量來決定用餐餐廳。假設你剛到一個陌生的城市，只能透過人潮來決定命運。大部分人會選擇客滿的餐廳而非只有小貓兩、三隻的。理由是什麼？大腦會想：「這些人一定知道一些我不知道的事。空蕩蕩的餐廳一定很難吃，客滿的餐廳絕對值得等上四十五分鐘。」

這就是羊群效應的心態在作祟。

人類群聚的方式跟其他物種一樣，例如牛隻、黃蜂、孔雀魚，都是因為自私。[89]動物群聚是為了保護自己。待在外圍的被狩獵者獵殺的機率高過待在中心的，因此越靠近中心越有利。看牧羊犬趕羊群的影片可以看到，外圍的羊跑得極快，並且想要擠到中間，而待在中間的羊群則較不想移動，直到被擠到邊緣時，才會動起來。

被擠在外圈的羊隻也會盲目地追隨其他羊隻，牠們的假設是：**如果大家都往同方向跑，那牠們肯定有我不知道的消息。與其慢吞吞等著看牠們為什麼跑，我還是先跑再說。**

人類也會有這樣的行為。我們天性如此。有一次我到倫敦出差，在我試著融入當地交通時發現了這項事實。很多當地人想過馬路就過馬路。只要有人開始動，在人行道上等著過馬路的行人，看起來就顯得相當不安。有些人過馬路甚至不看左右來車，直到被別人拉回來，以免被來車撞到。隨著越來越多人在綠燈前就越過馬路，站在角落等待的人顯得越來越焦慮，盤算著到底要不要也跟著過馬路。這種事隨時都在發生。大家下次過馬路時可以留意看看。

這也是為什麼幾乎全世界的青少年都會說：「但是，媽！我的朋友都這樣。」然後媽媽就會回：「如果你朋友叫你從橋上跳下去，你會跳嗎？」不跟別人做一樣的事所產生的不舒服感，無論是看演唱會、去畢業舞會後到旅館住或成為最後一個過馬路的人，都是受到羊群心理所激發。

我們也會透過羊群心理學習，這要感謝第一部談過的鏡像神經元。藉由觀察進行學習，對人類的生存和成長極為重要。嬰兒看著大人和其他小孩的行為，然後幾乎是立刻就學習起來。我們也是透過這樣的方式學習說話、走路、自我保護及尋找食物。這是生存的關鍵。

這也是餐廳或咖啡店會在小費箱先放一些錢的原因。看到別人給小費，人們給小費的意願也會提高。如圖片所示。我觀察到很多博物館會利用這個手法來募款，在廣大的空間裡擺上巨型、透明清楚的捐款箱。（還記得損失趨避的罐子嗎？內容物看得一清二楚的容器真的有用。）

擺設在倫敦博物館裡的大型透明捐款箱，鼓勵人們捐款。

在賣場結帳的時候，收銀機畫面突然跳出一句話，問你要不要為某一事件捐款？按下「不」讓你感到一絲內疚。或許你還會環視四周，確定沒人看到你按下螢幕上大大的「X」。

更進階的情境是，結帳人員直接問你是否要為某一事件捐款，而你必須大聲說出「不用」（太可怕了）。

你其實可以直接離開現場，但通常人們會想要解釋原因。前陣子，我在排隊結帳的時候，結帳小姐問排在我前面的那位女士，是否願意捐一美金給軍隊。各位猜她回答什麼？「不了，我平時常常參加志工活動，而且私底下也捐了很多錢給軍隊，所以這一塊錢就免了。」

結帳的那位小姐對這解釋感興趣嗎？這根本不關她的事。我相信是公司要求所有員工問這句話。她也許根本不喜歡開口問這個問題。又或者，說「不」的女士只是覺得其他排隊結帳的人都在對她品頭論足。她假設其他人都會捐款，因此她必須解釋為什麼她不捐。即使其他人根本不覺得這有什麼，做出解釋也會讓她覺得心安一點。

人們在脆弱或懷疑自己的時候，更容易出現羊群心理。我不認識那位結帳的女士，但她很有可能**並沒有真的**參與志工活動或為軍隊做任何事。假設是這樣，為什麼她要這樣說？因為這麼做可以讓她抗拒從眾的天性，避免罪惡感。當被問到要不要捐款時，跟不想成為最後一個過馬路的行人一樣，很多人會感到焦躁不安。這時候，就是從眾的大腦在主導行為。

當然，很多時候我們的行為都是受到羊群心理的激發。在不確定哪個選擇最好、缺乏信心或覺得事情搞砸會增加風險的情況下，我們會更依賴羊群心理。這就是為什麼投資時到處都有人犯羊群的錯。[90]

假設你所有的朋友都很「肯定地」賭一件事，你能站出來跟群體對賭嗎？很多人做不到，因為大腦偏好遵循常規失敗而非違背常理成功。換句話說，跟別人一樣賭錯了不會被笑，跟大家反著做，然後自己一個人賭輸比較會被訕笑。

想像你去一家大公司面試，面試者跟你一樣都是菁英，而這家公司採用團體面試。你坐定位後，他們播放一張投影片，上面有一個簡單到不行的公式「二加二等於多少」。

你是全體中第八個回答的人，前面的人都說四、四、四的時候，你也會跟著說，這樣就可以輕鬆過關。

反覆進行幾輪之後，出現了另一個看似簡單的題目問：「紅加黃會變什麼顏色？」你的腦中立刻浮現答案，而且很有自信能答對，直到第一個人信心滿滿地說：「紫色。」你心想：「紫色？太白癡了吧。」但接著，另一個人也說是紫色，然後下一個人也是，又下一個人的答案也是。於是你開始緊張了。你覺得答案是橘色，但這些人一定知道一些你不知道的事。輪到你時，你會說出什麼答案？紫色還是橘色？

研究顯示，百分之七十五的參與者會說出他們**明知是錯**的答案來跟隨團體。[91]你會說，我才不會這樣，但在十萬火急的時候，從眾的潛意識腦會成為主導腦，逼你說出連自己都不相信的答案，防止你成為笑柄。

要說出反對群體的意見必須有強大的意志力和意識專注力，面對一群和自己相似的人，更是難上加難。特別是如果你希望讓人留下深刻印象（或者與和你相像的人在一起時），你會更傾向於追隨團體，而非相信自己的直覺，（再強調一次）尤其是你缺乏自信的時候。

還記得飯店鼓勵旅客重複使用浴巾的標語嗎？飯店通常會說節省用水能拯救環境，這個出發點很棒。當飯店使用這樣的說法，約有百分之三十五的旅客會配合重複使用浴巾。[92]收到的效果不錯。

當標語加入羊群效應，強調「百分之七十五的旅客會重複使用浴巾，敬請配合。」重複使用浴巾的人會增加百分之二十六。

那如果進一步說：「這間房間百分之七十五的旅客都會重複使用浴巾」呢？這句話聽起來有點怪，但句子稍微改變一下，就改改幾個字而已，效果會更好，重複使用浴巾的人增加了百分之三十三。很誇張吧？

也可以用羊群效應的概念來鼓勵民眾節省能源或開節能車，其實所有事情都適用。[93]從眾的渴望原本就深植我們內心，而且無論我們有沒有察覺到，這種心理永遠都會影響我們做選擇。

你還記得電視節目《隱藏攝影機》嗎？在其中一集節目裡，臨時演員進入電梯後都轉向後方。[94]你可以看到不知情的乘客滿臉困惑，為了融入群體，他們也逐漸轉向面對電梯左、右或後方而非前方（像我們一般做的那樣）。同樣地，如果你在街上看到有人望著天空，或者有一群人看著天空，你也很可能停下腳步，跟著一起望向天空。[95]

道德

人們喜歡融入群體，尤其是彼此親近的人（例如，朋友、鄰居或待在同一房間的人），或對自己的知識（例如投資策略）沒有自信的時候。

無論你經營什麼事業，都是在幫人解決問題。人們買東西的唯一理由，都是為了解決問題（不管是消除飢餓感或者宣傳產品）。問題會使人焦慮不安，這表示人們在購買東西時會更從眾，而且喜歡知道跟自己一樣的人做過什麼。下一章會更詳細談到這個部分。

羊群效應應用

記住：人類是從眾的生物。我們不斷追求團體的認同，並且依賴別人的行為去形塑自己的行為。

實際運用：你發出的所有訊息裡都能加入暗示，使人們產生從眾心理，例如 email、網站、商品推銷、組織內部溝通。列出五個你可以加入從眾暗示，促使別人採取行動的東西（下一章會有具體的句子示範）。

一、

二、

三、

四、

五、

更多練習！最令人吃驚的是，我們其實很常因為其他人都在做一件事而跟著做。注意自己的從眾傾向，有助於未來撰寫文案時能適時運用羊群心理。以下是羊群效應悄悄影響我們生活的例子：

- 為什麼你覺得必須在抖音上宣傳產品？這符合你的目標（還是你的目標市場在那裡）嗎？或者你只是怕如果不做會被說閒話？
- 什麼時候你會說服自己放棄挑戰新事物（申請升遷、製作 Podcast 節目、寫書、寫 email 給潛在客戶）？讓你卻步的真正原因是什麼？是因為這些想法很爛？還是因為潛意識腦擔心失敗會被看笑話？

• 投資或者相信一個「穩賺不賠」的投資新風潮前，想一想你（或者跟你推銷的人）是否有仔細做過功課？害怕對抗群體的恐懼，對你的行為有多少影響？

更多羊群效應

你可以在下列幾章看到框架效應：行為塑造（二十一）、訂價的真相（二十二）

下一章談論社會證明時，會一起將羊群效應帶入另一個級別。若想更深入了解羊群效應的運作機制，尤其是了解羊群心理如何影響投資決定，不妨聽聽以下兩集《機智事業》。

- **（第十九集）羊群效應：快來聽我說……每個人都在做這件事。**學習如何將羊群心理應用在社群媒體操作中，並了解冰桶挑戰是怎麼爆紅的。
- **（第三十集）風潮、泡泡、幻滅：為什麼我們不斷相信大眾炒作的話題（該如何避免）？**從鬱金香狂熱、豆豆娃到加密貨幣，各時期的投資熱潮全都有！從過去失敗的羊群效應案例中學習，讓你以後投資更聰明。

第十二章 社會證明

「社會證明（social proof）」是羅伯特．席爾迪尼提出的概念。他在一九八四年的著作《影響力：讓人乖乖聽話的說服術》中，將社會證明視為說服技巧的六大心理學原則之一（其他五項原則分別為互惠性、稀缺性、權威性、一致性及好感）。[96]

我認為社會證明和羊群效應有點像是雞與蛋的關係。人類是從眾的生物，我們總是尋求社會證明來證實自己的決定沒錯，並且試圖融入群體；如果出現了社會證明，我們會變得更加從眾。究竟哪一個先發生？我不知道這個問題到底有沒有答案，甚至重不重要。最重要的是，了解這些概念將如何影響你的事業。

就像在前一章學到的，人類的群聚性就像羊群、孔雀魚及所有其他的動物。因此，當我們無法決定或不清楚狀況時，就會尋找有助做出最佳選擇的資訊。

知道很多人做過相同的選擇（無論好壞），就是社會證明的影響力，這能促使我們做出同樣選擇（下一章會更詳細解說）。

以下是六種社會證明類型：

- 專家
- 名人
- 用戶推薦
- 群眾智慧
- 朋友的智慧
- 認證

專家

讓相關領域的專家推薦或代言產品、服務，能對消費者的大腦產生極大的影響。可以是一句「每五位醫師中就有一位推薦我們的牙膏」，或者有人推薦說「我不只是CEO，也是消費者。」抑或我上Podcast節目當來賓、在研討會或企業訓練中介紹行為經濟學。

專家可以引發消費者對組織產生月暈效應（所有類型的社會證明皆可，不僅限於專家）。讓醫師（或任何穿著制服的人）為產品背書的同時，也能獲得權威偏誤帶來的好處。基本上，人們會更容易相信穿著制服的人，即使這個人並非該演講主題的專家。

一個穿著醫師袍的人所提供的股票投資意見，比一個穿著藍色破牛仔褲的人感覺更可靠，就算穿著藍色牛仔褲的人才是更懂股市的人。專家權威（一個穿著醫師袍、被視為專業的人）形成的月暈效應，會擴大至一些他並不一定了解的主題上。

這就是為什麼我會建議我的獸醫客戶，即使在疫情中進行遠距診療，還是要穿著醫師袍，或掛著聽診器開視訊會議。就邏輯而言，這根本沒道理。聽診器根本派不上用場，而且任何穿著打扮或無論背景是在廚房或診療室，都不應該影響人們對你意見的解讀。然而，就像我們已經學到的**促發效應**和權威偏誤，穿著「制服」會讓人更願意相信並認真看待你的意見。

稍微提醒別人你（或你產業中被視為代表的人物）是專家，可以引發社會證明效應，並且讓顧客更有信心購買你的產品，或者相信你的聲明。不過千萬不要太誇張。就像前面好笑的損失趨避例子，如果沒完沒了的跟消費者吹噓專業知識，反而會弄巧成拙。

好好想想如何利用專家與觀眾互動，或許可以透過 Webinar、臉書直播、推特聚會或推薦文章。

名人

跟專家的發言一樣，找名人代言產品或服務可以發揮很大的效果。

而且不是只有歐普拉或卡戴珊才有這種效果。近來社群媒體上的微型網紅也可以大力拉抬品牌。微型網紅有一群自己的粉絲，基本上，任何他們推薦的小眾市場產品，粉絲都會買單。

想讓腦袋休息的時候，我喜歡在ＩＧ上看人家為蛋糕上糖霜或烤餅乾的影片。這些創作者都會在影片中展示特定品牌的擠花器、糖珠、餅乾模型或食用色素。這些人的展示永無止境，而對他們的追蹤者來講，這些人就是名人。

觸及範圍越廣越好是人們常犯的迷思。這不是最佳策略。你必須觸及到對的觀眾，並促使他們採取行動。

仔細思考你的產品，並且想想今年要怎麼做才能達到目標。假設你經營的是服務業，那你的目標可能是增加十個新客戶，或將銷售量從兩萬提升至兩萬五千。即使是我年銷售量達上億的企業客戶，也不需要向地球上每個人介紹他們的產品。

如果你可以鎖定那些願意看微型網紅的推薦、並購買產品的五萬個人，為什麼要為了增加五千個客戶而撒幣對五百萬人大肆宣傳？

這是個可以實際改善他人經濟的聰明投資。我喜歡微型網紅的概念，整體而言，投資他們等於幫助一個真正的家庭，而且能發揮真實的影響力。

提醒各位一句話：挑對人，確定名人／網紅的形象符合品牌的調性，是非常重要的（不要只找好說話或你付得起錢的人）。研究顯示，[97]名人展現出來的個性也會重疊到品牌個性上，而若要發揮最大效果，兩者的個性必須一致（記住我在第一部分說過品牌非常重要）。

大致而言，找對微型網紅替品牌代言，效果會比名氣響亮的名人還好。

用戶推薦

真實用戶對產品的評價具有很大的影響力。當分享心得的用戶沒有從中直接得到好處（例如沒有收錢），而且他們的形象若跟其他潛在客戶一樣，影響力會更大。如果你可以讓消費者看到，跟他們相像的人從你的產品中找到價值，你就贏了。

你可以用下列幾種方式展現這類型的社會證明：

- 報告的時候，穿插幾句「去年，我有一位客戶……」或「我的會員也有人問過類似的問題。」
- 了解你的聽眾群。採用貼近聽眾的例子。例如，我會對許多群體進行演講，演講的概念都相同，但如果今天參加的是金融服務會議，我就會用銀行客戶的例子說明；如果是在獸醫師的會議上，我就會介紹獸醫師客戶的例子。
- 多加入真人實證與經驗分享，但你沒有義務分享全文或指名道姓。想想電影預告片。我的演講宣傳單和網站上會引述「超棒」「不可置信」「令人驚艷」等說法。很多都是一大段話中的部分內容，但擷取出來的關鍵字影響力更大。

群眾智慧

假設有人追蹤你的推特，你會根據哪些因素決定要不要回追？你可能會點進去看他們的檔案，而他們的追蹤人數也可能是你決定是否回追的關鍵因素。大腦的內心話不外乎是：「嗯……才五百人追蹤？算了。」或「哇塞！五萬人追蹤！我最好追一下看看人家在幹嘛！」

第二情況的帳號，可能其中的四萬九千九百九十九名追蹤者是機器人帳號，另一個則是他媽媽，但大腦迅速決定時不會想這麼多。你直覺這個人一定比追蹤者少的人更值得追蹤。

同樣道理，相較於評價篇數少的產品或餐廳，在亞馬遜上擁有十萬則評價的商品，和在商家點評網 Yelp 上擁有眾多評價的餐廳，會令人覺得比較值得一探究竟。這些消費者或許跟你完全沒有共通點，但你的大腦看到這麼大的數字後只會想：「他們一定知道我不知道的事。」然後也想跟風。

顧客或客戶人數多、Podcast 節目收聽率很高，或者 YouTube 頻道訂閱人數眾多，都是值得分享的事。

就算這些數字被擺在角落，人們還是會注意到。

可以發揮作用的例子還包括：

- 「其他二十五人也正在瀏覽該前往澳洲的班機」
- 「該價位僅剩兩個座位」（表示很多人都在買，而這句話也會引發稀缺性效應）
- 麥當勞的「賣出超過九百九十億個漢堡」標示
- 滲透城市每個角落的星巴克（能開這麼多家一定很受歡迎）

當你看著這麼龐大的數字時，那就是正在發揮作用的「群眾智慧」。

朋友的智慧

你認識、有好感或相信的人所推薦的商品、服務或品牌，比其他陌生用戶的推薦更具有影響力。

操作這個概念的簡單方法，就是向曾經對你臉書專頁按讚的人的朋友投放廣告，然後，當潛在顧客看到廣告，廣告就會顯示「梅莉娜．帕默和其他四十二個朋友都對這個專頁按過讚」，這句話會讓人更可能也對該專頁按讚。

你也可以邀請使用者分享產品的體驗照片。這個方法通常會以透過比賽的方式來執行。讓使用者以簡單又有趣的方法標註你，這是個聰明的宣傳方法，而且也可以讓他們的朋友知道你的品牌，如此一來，會讓這些人更想買你的東西。

這是最具影響力的社會證明之一，但企業卻沒有妥善利用。你上一次在什麼時候邀請顧客向朋友或家人推薦你的產品？不需要有誘因，只要簡單說一句：「你有沒有朋友在找整骨師？我們下周有開放一個預約名額。」

我的客戶 Niche Skincare 生產一款高級的肌膚修護精華。為了讓他們的品牌在上市時能獲得社會證明的效果，我建議他們在每一份包裝裡都放入小包的試用品，並附上一張小卡鼓勵顧客與朋友或家人分享「這份愛的禮物」。卡片上印著主題標籤，讓 Niche Skincare 可以鼓勵大家在ＩＧ平台上發貼文分享產品。[98]這種方式能鼓勵口碑推薦和回饋效應（第二十章）。

認證

有時候認證就像是合格標章，比如推特的藍勾勾或產品上的「有機認證」貼紙。你贏得的獎項，或列舉具有影響力的客戶、演講過的地點可產生月暈效應，或者你寫過的書都可以成為認證。或者在名字後加頭銜，又或者列出你所屬的團體或擁有的資格證照都行。

該類型的社會證明使人們對自己的決定更安心，因為社會證明顯示別人已經仔細做過功課

（或者至少人們假設是這樣）。在這種情況下，他們會更有信心做出一樣的選擇。

另一種類似的社會證明叫做贏來的媒體（earned media），這其實可以自成一類（有些人認為是這樣沒錯）。贏來的媒體意思是受到新聞、雜誌的自主報導，或是其他無法用錢買來的關注（理論上）。

相較於出現在付費廣告中的產品，人們通常會比較信任《早安美國》或《時代雜誌》報導的產品。

沒錯，你必須大聲說出來

意識腦常會認為：「別人一定知道我有客戶，哪需要講？」各種研究顯示，潛意識腦在採購東西時非常注重這一點。讓消費者知道其他人喜歡而且也在購買你的產品，能有效增加顧客。

社會證明甚至有助於澳洲的醫師停止過量開立抗生素。開出藥劑量排在前百分之三十的醫師會收到以下內容的信件：「您的開方率高於百分之九十一的同區域醫師。」簡單的推力就讓抗生素的開方率在三個月內降低百分之十三．六，而且在該年度總共減少了十九萬張處方箋。[99]

社會證明應用

記住：人有從眾的傾向，因此看到別人比自己先買過或用過某產品／服務時，會讓我們更有勇氣跟著買。

實際運用：還記得上一章寫下五個能應用羊群效應的地方嗎？現在請動腦想想，你可以用哪種社會證明，以及如何用文字呈現你的想法：

一、______

二、______

三、______

四、______

五、______

更多社會證明

你可以在下列幾章看到框架效應：行為塑造（二十一）、訂價的真相（二十二）、如何賣出更多對的商品（二十三）、一連串的小步驟（二十四）、你在想什麼問題？（二十六）

社會證明是很重要的概念，不只是行銷和銷售名詞，值得所有企業經營者去挖掘。這個概念用在變革管理和影響公司內部決策也很有用，就像對顧客產生的效果一樣。《機智事業》中有兩集討論了更多在事業中應用社會證明的例子。

- **（第八十七集）社會證明：如何運用羊群效應提升顧客參與和業績**。深入了解這六種社會證明，以及運作方式、應用方法。
- **（第一〇六集）網絡效應：如何放大群體的力量**。臉書、Uber 等社群平台都因為使用者人數增加而提升了價值。網絡效應不同於社會證明，但彼此相得益彰，值得所有社群媒體經營者或創辦者多多了解。

第十三章

推力與選擇設計

你或許可以猜到行為經濟學裡的推力概念是什麼，亦即藉由輕輕的觸碰或拍打，以獲得注意或讓事情回歸正軌。這個概念是由二〇一七年的諾貝爾經濟學獎得主理察・塞勒提出，他與凱斯・桑思坦共同出版了《推出你的影響力》。[100]

這本書前面談到了我最喜歡的推力例子之一：

假設你給學校的學生一筆錢，並允許他們可以在學校自助餐廳自由選擇想吃的菜。你認為孩童會怎麼選？他們會直接把手伸向餅乾和冰淇淋嗎？

現實生活中，我們發現選擇受到了脈絡的影響。排在前面的菜色，被選到的機會多出了百分之二十五；而排在後面的菜色，被選中的機會則**少了**百分之二十五。

若希望孩童（或大人）拿胡蘿蔔而不是薯條，就要把胡蘿蔔擺在眼睛高度處，薯條則擺到視線外。同時，要像你從**促發效應**章節中學到的，也不要讓他們**聞到**味道。

想一想，當你具備這些知識後，會怎麼設計自助餐菜色的擺放位置？

你可以用對學童「最好」的方式排列，但誰來定義最好呢？你也可以隨機擺放。但如果他們不幸地「先選了甜點」，你可能會責怪他們。你也許會想按照學生自行挑選的方式排列，但我們都知道這種方式根本不存在，因為就像這個案例所顯示的，選擇會隨著東西擺放的方式改變。

你選擇的東西和方式都受到選擇設計的影響。儘管像鴕鳥一樣假裝不知道比較好過，但你早就透過選擇設計來陳列商品，即便沒察覺到，也不代表你沒有影響別人的行為。你肯定有，差別只在於你不是刻意這麼做，而且事情是在你沒有察覺的狀況下變糟（或變好）。

- 你在實體店面陳列商品的方式是一種選擇設計。
- 預設的查詢結果會將消費者推往特定選擇。
- 按字母順序排列或逆向排列候選人的名字，會帶來不一樣的選舉結果。照年紀排也是。

一切都很重要。看似**應該不會產生**影響力的（這個字又來了）細節，對人們的行為和選擇其實有極大的影響力。

而且根據理察·塞勒和凱斯·桑思坦在書裡所說：「選擇設計中若有任何試圖讓人們的行為朝可預期方向改變的元素，但沒有禁止人們做其他選擇或大幅改變其經濟誘因，便可稱之為推力。既然是輕輕的推力，就表示這樣的介入可以用很少的成本輕易避開。推力不是命令，例如將水果擺放在與視線同高的位置可稱為推力。禁止垃圾食物則不是。」

簡言之，

一、所有事情都很重要。

二、沒有中性的選擇。

三、你無法避免成為選擇設計者。任何形式都會影響人們的選擇，所以你最好多了解而且慎重一點。

四、推力可以簡化複雜的選擇，讓不夠明智的人做出最好的選擇。

五、推力不是命令。讓人們擁有選擇的自由才能算是推力。

選擇設計

儘管選擇設計和推力關係密切，但兩者卻不一樣。

選擇設計師是間接影響他人選擇的人。這表示你設計一個供他人選擇的機制，而這個**選擇設計**就是你挑定的機制。

推力則是你在選擇設計中，用來影響他人決策的因素，以協助別人從現有的選擇中做出最佳選擇。

我來講一個例子：

假設你是人資，主管要你提升退休計畫的參加率，並且鼓勵參加者提撥更高的薪資到退休帳戶，以得到百分之十的公司配比獎勵。我們都知道，**維持現狀的偏誤**在此扮演關鍵因素，某研究發現，百分之八十六說下個月會變更提撥比例的人，在後來的四個月裡什麼都沒做。[101]你該怎麼讓每個人都說到做到，而且知道怎麼做最有利？

你可以進行選擇設計並且提供一點點推力。

也許你可以製作一張讓所有員工填寫的表格。

（提醒：表格是命令，退休金提撥則不是。）

陳列選擇

第一句話該說什麼？大腦會把表格上的第一件事看得最重要，因此最好在開頭就寫上你的建議。有沒有預設值？

你會在表格中問什麼問題？

記住，每一件事都很重要，包括你**框架**問題的方式。當你看到下列幾個問題，受迫感是不是不同？

- 我想提撥百分之＿＿＿＿到退休帳戶。
- 你要提撥多少到退休帳戶？

・專家建議提撥百分之十五的薪資到四〇一（k）退休計畫，你想提撥多少？

你看出來差別了嗎？

選擇設計和推力是很複雜的東西。這個例子中包含了框架、促發效應、錨定、社會證明以及羊群效應，而這還只是問個**問題**而已！

你在選擇設計中放入哪些選擇？你怎麼陳述這些選擇？你是否只讓員工勾選「是」和「否」，然後標個底線，讓員工填寫提撥金額？

如果員工沒有任何行動，你會給他們什麼預設值？他們還是一樣沒有為自己提撥退休金嗎？或者，他們選擇聽從「專家」的建議開始提撥百分之十五？聽起來有點極端和不尋常，但這個選擇值得考慮（即使這會嚇到**從眾**的大腦）。

你可以列出以下選擇：

・是，我要提撥專家建議的百分之十五。
・是，我要提撥薪資到退休帳戶，但先從百分之十開始就好。
・是，我要提撥百分之五。
・是，我要提撥百分之＿＿＿＿。
・不，我目前不想提撥。

你可以看到，很多種陳述選擇的方式都能促使員工提撥更高的金額，然而我要再提醒一次，如果表格上只有兩個勾選框，員工很容易會說：「不用了，謝謝。」然後不參加退休計畫。

員工還是可以自由選擇。他們一樣知道所有的資訊（如果你告訴他們專家建議提撥百分之十五，他們就能擁有更有用的資訊。若你不說，他們可能不知道這個細節）。

在選單上採用適當的選擇設計和推力，可以增加利潤、讓人們為自己提撥更多退休金、降低醫院的感染率和死亡人數、增加器官捐贈、為公園募得更多捐款、替人們節省精力、讓車子更安全，讓你領錢之後記得收回提款卡等等，好處多到數不完。[102]

推力

NUDGES（推力）這個字是由多個單字的首字母所組成，由理察・塞勒和凱斯・桑思坦所創，代表不同類型和層面的推力。[103]這些推力包括：

- 誘因（i**N**centives）
- 了解對應關係（**U**nderstand Mappings）
- 預設值（**D**efaults）
- 提供反饋（**G**ive Feedback）
- 預期錯誤（**E**xpect Error）

- 安排複雜的選擇（Structure Complex Choices）

接下來我將簡單介紹各種推力。我會特意打亂他們的順序，讓大腦覺得更合理。

誘因

不只有年終獎金才能成為誘因。相反地，你應該問這些問題：

- 誰使用？
- 誰選擇？
- 誰付費？
- 誰獲利？

你會發現，這四者不盡然會指向同一個人／對象，而且隨著選擇變複雜，每個問題的答案也會越來越多。懶惰的大腦不會花這麼多時間去想除了自己之外還有誰獲得誘因。這絕對不像「要還是不要？」這麼簡單。

優秀的選擇設計師知道如何讓推力和誘因相輔相成，並且讓事業、員工、顧客及群體都能獲得最大的利益。我在多集 Podcast 節目《機智事業》中討論推力時，會提到我自己採購新的暖通空調系統的經驗。銷售人員在報價的時候，隨口問我們是否想要一台有 wi-fi 功能的空調，他說：「價格一樣，不過很多人不需要這個功能。所以妳可以選標準型的就好，想好再跟我說妳要哪一台。」

我問他：「wi-fi 功能可以幹嘛？」

最後我發現，wi-fi 功能代表我們可以隨時隨地用手機上的APP調整溫度。你是否曾經在半夜冷醒，然後根本不想走出溫暖的棉被去開暖氣？這個問題現在有解了！在手機上按幾下，暖氣就開了。對屋主來說，有 wi-fi 功能的機型明顯是比較好的選擇（而且還沒有價差）。

這讓我納悶他們提供了哪些誘因？因此，讓我們來回顧上述的四個問題：誰使用、誰選擇、誰付費的答案顯而易見。

就是我和我老公。但誰**獲利**這個問題就比較複雜了。最簡單的答案是「公司」，但其中可能有多層的誘因。有沒有可能銷售人員賣 wi-fi 機型拿到的抽成比較少？

為了便於討論，我們假設該公司的所有產品販售價格均一，然後，從成本比較貴的產品，降低銷售人員的抽成以彌補利潤（可能少一百美金）。所以銷售人員才會受到誘因影響，鼓勵我（很可能是潛意識中）買標準機型，因為對他比較有利。

你會因為要多付一百美金，就願意忍受未來十至二十年必須在冷死人的深夜下床去開暖氣嗎？我不會。如果公司提供了適當的誘因，就能確保客人買到最適合的產品，因為員工會因為受到鼓勵而推銷適當的產品。如此一來便是全贏局面。

錢是萬能的嗎？

了解到並非所有誘因都跟金錢有關，是非常重要的。事實上，非金錢誘因通常效果比金錢誘因好。格雷布・齊普斯基博士是災難防治專業顧問公司執行長，他在 Podcast 節目中分享了為 Edison Welding Institute 所做的實驗計畫，同時在他的著作《不憑感覺做事》中也有談到該計畫。這家公司希望工程師能透過網路、會議、報告、部落格之類的平台多幫忙行銷推廣，他們試過所有經濟誘因，並且向工程師合理解釋行銷對公司的重要性，但全部徒勞無功。因此他們才會邀請格雷布博士。格雷布博士透過研究發現，工程師會受到社會地位的激勵。因此，他建議該公司將情感動機連結誘因。達成行銷任務的工程師，可得到本月最佳員工的頭銜，這就是與地位相關的誘因。而工程師的行為確實改變了。

提姆・霍利漢是 Behavior Alchemy 的創辦人，他在節目中分享了與丹・艾瑞利共同進行的客服中心員工激勵研究。他們提供一半員工六十至二百五十美金的金錢誘因，然後其他人則是可以得到等值的非金錢誘因，包括雙筒望遠鏡、慢燉鍋及腳踏車。

每個人都說錢比較吸引人，他們想要的是錢，但研究顯示，非金錢誘因組比金錢誘因組更努力工作，而且績效高出百分之三十二。

讓我們重新從非金錢誘因的角度來分析採買暖通空調的故事。或許銷售人員訓練不足而且不善於回答問題，也或許有 wi-fi 功能的文書作業比較複雜，所以他想替自己省事。

各位或許想問，什麼是情感動機？怎麼樣才能為公司和顧客連結情感動機和正確的誘因？

預設值

無論面對何種狀況，多數人都會選擇預設選項。

華盛頓州推出車檢新方案時，改變了預設選項，讓車主每年更新車檢貼紙的同時捐贈五美金，但車主付款時能自由選擇不捐贈這五美金。

該方案推出的第一年，就為州立公園多募得一百四十萬美金。小小一點的改變就帶來了令人驚豔的成果。104

正確設定預設值，就能獲得驚人成效。

預期錯誤和提供反饋

大腦很忙，而且會忙中出錯。我們經常忘記鑰匙放哪、領好錢忘記拿提款卡、加完油忘了蓋油箱蓋或者忘了扣上安全帶（不只開車，回想一下，光是坐一趟車，我們就疏忽了多少事情）。

你知道為什麼忘了繫安全帶車子會嗶嗶叫嗎？這是一種提供反饋的推力，因為製造商早就預料你會在某些步驟出錯。

列出客戶在每個地方可能會犯的錯。為此，你可以安插什麼推力？你可以提供哪些免費的產品或服務解決這些問題？怎麼做才能預防這些錯誤，讓顧客覺得買對東西了？

沒錯，其實很簡單。然而，聰明地選擇你的反饋機制也非常重要。車子碰到一點小事就嗶個不停或閃個沒完沒了，會令人不堪其擾，使車主無視這些警示，導致這些功能無法發揮作用。除了嗶聲和警示燈，還有很多提供反饋的方式。以下是我覺得最有趣的例子：

- 利登的天花板油漆很特殊，濕的時候是淺粉紅色，乾掉就變成白色，這樣一來可以確保有完全塗抹到。[105]
- 在芝加哥馬路上的危險彎道前，策略性地畫上一系列線條，駕駛人越靠近彎道就會覺得越靠近這些線條，使大腦產生加速的錯覺。這項簡單的推力減少了百分之三十六的車禍。[106]
- 拍照時手機會發出嗶聲，但這並不是相機的功能之一，而是可以讓拍攝者不再疑惑：「拍好了嗎？」獲得更好的使用經驗。
- 瀏覽過的連結會變色，而 Mac 電腦的程式若在運轉中，則會出現旋轉的風車，這些功能都是基於相同的理由：讓你不會狂按六十五次來確定電腦有在運作（然後不小心拖慢整個速度）。
- 日產汽車的節能油門設計，讓駕駛人在過度消耗油時，變得更難踩油門，使駕駛更環保。[107]透過提供一點點反饋讓人們知道一切都運作順利，有助於提升整體經驗。

了解對應關係和安排複雜的選擇

有些任務是相對簡單的，例如挑選冰淇淋口味，但也有些任務是複雜許多的，比如挑選居住地。但這兩種選擇的核心，都是建立在對應關係的基礎上，根據理察．塞勒和凱斯．桑思坦的解釋，對應關係是指從選擇到選擇結果的路徑。

以冰淇淋為例，大部分人都知道自己可能會挑哪種口味，尤其當眼前只有三種選擇，例如草莓、巧克力及香草口味。你有最愛的口味，而且存在於腦中的對應關係，因此你會知道哪個選擇能讓自己最開心。何況，如果店家提供更多種口味，例如檸檬薰衣草、楓糖培根等你沒吃過的奇特口味時，通常也都會提供試吃服務，避免消費者不小心買到一大球吃起來像肥皂的冰淇淋，而沒有買到自己喜歡的。

但如果是像找房子這種比較複雜的事呢？我們很難看到從選擇到選擇結果（理察．塞勒和凱斯．桑思坦稱之為「獲益」）之間的對應關係。就算只有三種選擇，也還是有很多因素要考量，例如價格、地點、通勤時間、坪數、鄰居及家具。

選擇設計師的任務就是設計出一套能清楚呈現對應關係的系統，讓選擇的人可以選出對自己最有利的選項。我建立了五個步驟，讓各位可以把選擇設計應用在事業上。

一、鼓勵建設性思考和保持開放的心態。

二、分解問題。

三、讓顧客可以聯想。

四、幫助顧客做對選擇。

五、行動呼籲。

一、鼓勵建設性和保持開放的心態

針對重大決策規畫選擇設計時，了解你自己和消費者的思考偏誤非常重要。怎麼做才能加入對你和選擇者來說具建設性的思考和開放的心態？

對簡單的決定來講，這個步驟雖然不重要，但還是能發揮作用。以選擇冰淇淋口味為例，這雖然沒什麼大不了，但如果有七十五種口味擺在眼前，而且每個名字都很奇怪，例如「釣魚樂隊味」或「矮胖猴子口味」，那該怎麼做才能讓潛在顧客以開放的心態嘗試新口味？顧客需要什麼資訊？要怎樣才能把這些資訊連結至顧客既有的對應圖中？

二、分解問題

製作對應關係圖時，了解顧客手中所有的選項非常重要。

他們在想什麼？心理狀態如何？以及他們需要哪些資訊才能做出最佳選擇？製作對應關係圖時，這些都是該花大量時間思考的地方。理察・塞勒、凱斯・桑思坦及鮑爾茲[108]用相機舉了一個很棒的例子，這個例子相當貼近生活，讓我們來看一下。

假設你在 Nikon 工作。顧客的選擇不單是買一台 Coolpix 或單眼相機，還要思考他們是否真的需要在手機相機功能之外，額外買一台相機。或者是要買 Olympus 還是 Canon 的？需要錄影功能嗎？以及多少像素才夠用？還是想拍照的時候，去借一台就好？或者要去旅行時再購買拋棄式相機？顧客面臨的選擇，複雜到令人卻步。

解構客戶的處境有助製作對應關係圖，甚至可以預測顧客的疑問，並推薦適合他們的商品。你是專家，而顧客希望他們正在做對的選擇，也希望做出讓自己滿意的選擇。解構客戶的處境能讓你完成顧客的心願，然後……

三、讓顧客可以聯想

利用上一步驟分解出來的小問題，思考怎麼以貼近生活的方式，向不懂專業術語的顧客解釋這些問題。購買相機時，會遇到像素的問題。客人通常會覺得像素越高越好，這是很自然的傾向。但像素從七百萬跳到八百萬有什麼差？或是一千萬像素有什麼不一樣？大部分非專業的人根本不曉得差別在哪，只知道照片檔案會變大而已（而這也會造成電腦處理起來變慢）。

怎麼做才能讓顧客產生聯想？

如果不用「像素」表示，是否可以改用網路觀看尺寸、4×6照片尺寸、海報尺寸或招牌尺寸來說明照片的大小？我知道我永遠都不需要照片清晰到可以輸出成招牌那麼大，但我可能會想要印出來掛在牆上，所以我會選像素高到能輸出成海報尺寸的。新概念和易聯想的對應圖讓我更容易做出選擇，而這也讓我獲得了良好的購物經驗。

哪些資訊對你來說很稀鬆平常，卻是潛在顧客做選擇時所需的資訊？退一步來說，顧客的潛意識需要看到或聽到哪些訊息？哪些經驗法則會讓顧客能更簡單、輕鬆做決定？

檢討過這些問題後，我們就能進入步驟四。

四、幫助顧客做對選擇

知道顧客需要哪些資訊來做決定，而且也讓顧客能聯想這些選項的效益後，你仍須稍微使用一點範例，促使顧客做決定。再用相機為例，我們可以讓顧客試拍並且把照片印出來。若以釣魚樂隊味的冰淇淋來說，則可以提供試吃。從上一章談到的**社會證明**來看，加入適當的客戶見證也能「幫助客人做對選擇」。

五、行動呼籲

我們會覺得，人在買東西的時候會知道什麼時候該出手，但其實並非如此。面對複雜的選項，我們往往需要考量眾多因素，這會令人更燒腦。因此，適時詢問顧客準備好要買了嗎，或者提供「立即購買」按鍵都是不錯的方法。

這讓顧客的大腦不會再想：「嗯……這些資訊夠嗎？」**促發式**的暗示他們其他人通常會在這個時候就購買（**羊群效應**），會讓顧客覺得決定購買是對的。

圓滿完成

人類每天平均做出三萬五千個決定。[109]大部分決定都是憑潛意識腦的規則進行，你可以從本書中學到這些規則。了解並搭配使用這些規則，代表顧客將能更輕鬆和你交易。他們能挑選出最適合的產品，並且滿意自己的選擇（第二十四章中將介紹更多相關知識）。

顧客與你互動的過程中做出了無數的選擇。請記住，無論你有沒有事先進行選擇設計，呈現資訊的方式都會影響顧客的選擇。因此，仔細思考複雜選項中的誘因、預設值、預期錯誤、反饋選擇、對應關係，能幫助顧客做出最有利的選擇。

推力與選擇設計應用

記住：無論有沒有意識到，你都是選擇設計師。請運用推力為事業和顧客創造雙贏局面。

實際運用：從最簡單的方式來練習推力。沒錯，雖然再複雜的情況都能運用推力，但有些最好的推力其實是一些小細節，例如替冰箱換濾網時有照明燈讓你看得更清楚。我建議從「預期錯誤／提供反饋」開始練習推力。列出顧客可能出錯的所有地方，提供可能的解決辦法（請運用你的所有感官，因為這些感官都直接與潛意識腦連結）：

你預期會發生什麼錯誤？＿＿＿＿＿＿＿＿

你可以運用什麼推力？＿＿＿＿＿＿＿＿

視覺方面的推力有哪些？＿＿＿＿＿＿＿＿

聽覺方面的推力有哪些？＿＿＿＿＿＿＿＿

嗅覺方面的推力有哪些？＿＿＿＿＿＿＿＿

其他推力有哪些？＿＿＿＿＿＿＿＿

更多的推力與選擇設計

你可以在下列幾章看到框架效應：如何賣出更多對的商品（二十三）、一連串的小步驟（二十四）、請問要點餐了嗎？（二十五）、你在想什麼問題？（二十六）

推力和選擇設計有太多用途和有趣的例子。如果你想了解更多，我相當推薦本章不斷引用的書籍《推出你的影響力》。我也在 Podcast 節目《機智事業》中推出七集有關推力和選擇設計的專題討論，可以讓你學到更多把推力應用在事業上的方法：

- **（第三十五—四十一集）推力和選擇設計：七集專題。**一集是入門介紹，其他六集則各花一個小時討論六種推力：誘因、了解對應關係、預設值、提供反饋、預期錯誤、安排複雜的選擇。
- **（第一〇九集）讓提姆．霍利漢告訴你激勵和誘因的祕密。**提姆．霍利漢分享了許多有趣的觀點，告訴聽眾真正能激勵人們的誘因是什麼。他也是Podcast節目*Behavioral Grooves*的共同主持人，我剛好也是該節目第一〇九集的來賓！
- **（第一一一集）和格雷布．齊普斯基博士一起預防日常工作發生大災難。**你正面臨一個絕對不想搞砸的重大決定？運用格雷布．齊普斯基博士在這一集分享的五步驟就不會搞砸了。

第十四章

選擇的吊詭

星期六早上，你跟一個朋友約好吃早餐。坐定位之後，你點了吐司，然後服務生說：「我們有三種果醬可以選，你想要葡萄、草莓還是柑橘口味的？」

你可以迅速下決定，或許其中有一種口味讓你立刻覺得「噁心」，或者你很清楚草莓一向是最好吃的。無論如何，你都能很快選出一種，而這也是很簡單的決定（套句上一章學到的，一個很容易聯想的對應關係）。

但是，如果服務生是這樣說的呢：「太好了！抹醬是我們店的強項，請選一種你想吃的。我們有覆盆莓、無糖覆盆莓、覆盆莓香草、橙皮黑醋栗、草莓、三種莓果、無籽草莓、草莓香醋果、葡萄、葡萄薰衣草、檸檬薰衣草、巧克力、巧克力榛果、馬里恩莓、黑莓微風、肉桂糖、花生醬、杏仁醬、楓糖芒果和鳳梨。」

你應該會聽到呆住。這是一個格外複雜的選擇。你想吃鹹的還是甜的？無籽的還是無糖的？

楓糖芒果吃起來到底是什麼味道？他剛剛是說葡萄薰衣草嗎？肉桂糖含糖量多少……而且，這是抹醬還是糖粒？他們的花生醬有顆粒還是沒顆粒？

你想了之後可能回他：「算了，我要一杯咖啡就好。」

整個用餐經驗會變得令人沮喪。若將這些選擇歸類（水果、巧克力、鹹味），就不會對很容易就負荷過度的大腦形成壓力。

崩潰的大腦

大腦到底有多容易超過負荷？程度絕對超過你的認知。

《消費者研究期刊》的研究發現，只要多記幾個數字就足以影響決策過程。[110]實驗中的其中一組只須記住兩個數字，而另一組則要記七個數字才能繼續進行下一輪的任務。其中一個任務是在完成實驗後挑選想吃的點心。數字簡單的那一組，比較多人選擇健康的水果沙拉；而**多記五個數字**的那一組，則傾向選擇巧克力蛋糕。

當你希望眼前的顧客或潛在顧客做出更佳選擇，你是否經常用很多選項、事實及數字阻擾他們？你是否要求顧客記住五個以上的數字資訊，並同時要他們思考其他事情？你可能正在擊潰他們的大腦，並且讓美好的消費經驗變糟。

時間壓力

另一個讓大腦崩潰的原因是限制行動時間。

時間限制讓大腦產生化學作用，使大腦過度負荷，並且使你覺得必須**立刻**行動，才不會出錯並失去機會（錯失恐懼）。[111]成果不必很棒，只要能在規定時間內做完即可。

如果沒有時間限制，就能透過意識思考、處理並評估，然後冷靜做決定。但如果有時間壓力呢？意識，閃邊去！你太慢了，我都開始做了。

這麼一來，做事也許有效率，卻不一定有效果。

你或許不會驚訝於時間限制是一種壓力，因為你早就體驗過了，例如搶演唱會票時的焦慮感，還有上 Ticketmaster 網站買票時，你一邊翻找信用卡，而網站上的時間持續倒數。

你感到焦慮、擔心而且壓力超大。你可能邊發抖邊輸入信用卡號，迅速確認四、五次信用卡號之後才按下「購買」，然後看著網頁跑著，嘴裡不斷叨唸：「快點、快點……」

很神奇的是，如果沒有時鐘在那邊滴答滴答，相信這會是更輕鬆的購物經驗。

假期消費

消費者通常在決定購買前，會反覆逛好幾次購物網站，並且平均購買一．二項商品。那假期期間呢？消費者很可能只逛一次就買，而且平均會買三．五項商品！[112]這或許是基於送禮的習俗，讓我們不按平常的習慣行動，但這樣的行為同時也受到了時間壓力的影響。

有多少每日促銷、限量及購物車上面的時鐘圖示，都在影響我們在假期時的購物決定（其他忙碌的假期經驗會放大這些因素的影響力）？

要籌備假日派對！準備拜訪親戚！買禮物（還要包裝、寄件）！大腦當然很忙，而太忙的大腦會做出糟糕的決定。加入時間壓力，會顛覆我們評估選項的方式。

時間很多＝風險趨避
時間壓力＝損失趨避

時間充裕的時候，人們會傾向於風險趨避。[113]由於不想做出錯誤決定，我們會評估一個決定的風險。但如果時間有限，我們就會變得非常偏向損失趨避，導致錯失的恐懼控制了大腦。

時間壓力會刺激消費者購買更多東西，或買東西「備用」，尤其是搭配優惠、退貨政策或有其他好處時。

在期限內完成工作

很多人相信，「有工作期限會做得比較好」，但真的是這樣嗎？研究結果顯示，人們在時間限制下比較沒有創意。[114]想一想就會知道，這沒什麼好驚訝的。你可能當下會很專注並且在形式上完成工作，但這並不意味成果會比在充分時間下完成還好。

思考品牌和策略的時候，想想創意對品牌能帶來多大的價值。在規畫大局和設定目標（這些都是你在應用本書知識時會做的）時，最好在沒有時間壓力下保持大腦清醒。撥出一些放鬆的思考時間，可以帶來非凡的影響。

你是否曾經在半夢半醒間、洗澡或跑步時想到好點子？那是因為大腦釋放了壓力，能在放鬆的狀態下進行創意思考。只要每天讓大腦神遊一下，你也辦得到。[115]

反向操作可以減短通話時間

BVA Nudge Unit UK 執行長及《用行為做生意》作者理查德．查塔維和我分享過與龍頭銀行（超過兩千萬名客戶）合作過的專案。[116]

銀行希望能減短客服部門與顧客的通話時間，達到節省成本並同時增加效率和顧客滿意度的目的。查德・查塔維與其團隊的其中一項研究結果顯示，要求顧客回答安全性的問題（第一個需要跨越的障礙之一）其實已經製造了很多不必要的問題。客服人員反而會因為讓顧客的大腦超載，不小心導致顧客答錯，如此一來就會耗費更多時間，並且妨礙交易流程。

讓顧客大腦疲乏的提問，就好比在說：「如果您答錯這題，我們就無法提供協助。」這句話對大腦造成了相當大的壓力。簡單地重新框架這個問題，換成說：「當您答對這題，我們就能繼續解決您的問題。」有助於釋放壓力，引領顧客成功回答問題。

BVA團隊建議員工向顧客提出安全性問題後，再說一句「慢慢來」時，銀行方面感到了遲疑。這聽起來很不符合常理，都已經覺得通話時間太長了，還要主動讓顧客慢慢來？但人們在聽到別人說慢慢來的時候，其實更容易答對，因為這釋放了時間壓力和大腦的負荷。多花一點時間讓顧客答對第一個問題，有助於降低顧客接下來的挫敗感並節省時間。不僅顧客和員工的滿意度都提升了，通話時間也降低了百分之十一。對規模如此龐大的企業而言，這代表每年可省下數百萬美金。只要減少客戶大腦的壓力和負荷，就能簡單辦到。

當你想將本書的行為概念應用在事業中，一定要把重點放在減少大腦負荷和壓力上。羅傑・杜利在其著作《摩擦力》中用了很多有趣的例子來說明降低大腦負荷和壓力的方法，而我在《機智事業》的第七十二集中也討論到了這本書。[117]

你絕對會很訝異，從開支報表到網站，你的事業竟然遍布著擊潰大腦的摩擦力。運用行為推力和本書介紹的其他概念來減少大腦的負荷，能夠奇蹟式地提升溝通和滿意度。

小步驟

當我協助客戶減少顧客大腦負荷以讓購物流程更順暢，我們會先找出購物流程裡的小步驟。每位消費者最後決定要跟你買東西前，都會先面臨這些微小決定。

通常人們認為消費者買東西的流程不外乎是「企業寄發 email／傳單／線上廣告，然後消費者買單」，但這過程中其實包含有許多小步驟。假設一個廣告出現在社群媒體：

- 在社群媒體上投放廣告。
- 演算法決定該廣告應該出現在某些用戶的動態消息中。
- 用戶被有趣的廣告吸引，並且停下來看。
- 用戶看了標題後，對商品感興趣，繼而讀了簡介。
- 介紹文激起用戶的興趣，使用戶點開「顯示更多」，並繼續閱讀。
- 用戶詳細閱讀後，想要進一步行動。
- 選擇離開社群媒體平台（充滿大腦獎賞）來採取行動。
- 被引導至特定網頁後，用戶仍想知道該做什麼（這裡假設是填表單）。

- 盡量簡化表格，加速填寫流程（每個欄位都是一個步驟）。
- 用戶點選寄出或提交鍵。

當你面對的是易分心的大腦，由於它每秒要處理一千一百萬個資訊，因此即使只是簡單的臉書廣告（或者登陸頁面、電子郵件廣告、平面廣告或傳單），考量顧客消費過程中的每一個步驟都非常關鍵。

第二十四章會詳談「一連串的小步驟」做法，但我希望各位閱讀接下來的幾章之前，先記住這個概念。

減少選擇的吊詭

記住：人的大腦很容易就負荷過度。減少摩擦力、時間壓力、不必要的選項及其他壓力可以改善顧客和員工的經驗和滿意度。

實際運用：檢查你的購物流程：

- 其中含有多少選項和微小決定？
- 選項是否井然有序，讓消費者可以輕鬆選擇？或者你用了五十種果醬轟炸消費者的腦袋？

- 消費者在各步驟需要知道哪些資訊？
- 消費者之後能了解什麼訊息？
- 哪些地方對你的團隊有利，但會妨礙顧客？
- 一個流暢、無阻力的購物經驗應該是怎樣？

專家小技巧：與其從現有的東西去刪減多餘的部分，不如退一步思考最簡化的版本應該是怎樣。例如，我協助客戶改善網站使用者體驗時，除了會討論新網站的需求，同時，也從來不會讓他們保留原本的網站。既有物的存在會使人產生**現狀偏誤**和**損失趨避**的心理，而簡化後的新體驗不應受到這些因素的影響。

更多選擇的吊詭

你可以在下列幾章看到框架效應：一連串的小步驟（二十四）、請問要點餐了嗎？（二十五）、你在想什麼問題？（二十六）

我從沒看過任何企業減少顧客大腦的摩擦力後，沒有得到好處的。即使顧客要求提供更多選項，這也會形成一道障礙，導致他們卡住，因此一定要當心提供過多選擇和細節。透過以下各集《機智事業》，可以深入了解選擇吊詭：

- **（第三十二集）崩潰的大腦對決策的影響**。有更多巧克力研究的詳細內容，並分享如何克服大腦超載的技巧。

- **（第七十二集）摩擦：什麼是摩擦？如何減少摩擦？**羅傑・杜利在訪談中分享著作，以及如何在事業中減少摩擦。
- **（第七十四集）時間壓力：時鐘滴答響的壓力。**時間壓力與稀缺性、損失趨避有什麼不同？如何在事業中運用時間壓力？
- **（第一三四集）如何用行為科學打造成功事業。**理查德・查塔維在訪談中分享了許多行為經濟學的應用例子。

第十五章
分割

今天是周末夜。你準備邊嗑零食邊看 Netflix 追劇。抽屜裡有一包沒開過的奇多派對包，和十小包的奇多。你會選哪一種？

相較於獨立小包裝，若是選單一大包袋的，你可能會吃得更多，就算你把小包的統統拿到沙發也一樣。

如果某個東西被分裝到小容器，而你必須多做幾個動作才能得到更多（拿取然後打開另一包或另一盒），這就會製造新的決策點：一個小的交易成本，而願意打開新零食繼續吃的人也會驟減。[118]

手伸進去袋子就能拿到奇多吃起來比較輕鬆，你已經決定打開並且吃這包零食，每次手伸進袋子都是在支持你先前做的決定。對大腦而言，每一次伸手都是「吃零食」這個決定的一部分，而你根本不會意識到自己到底吃了多少，直到你遇到另一個障礙（比如說見底了或胃痛）。

你怎麼知道自己「飽了」？

多年來，許多研究都已證實，靠胃的感覺不一定準。在一個研究案例中，拿到大份通心粉和起司的受試者，比其他人多吃了百分之二十七，但進食量並沒有影響他們的飽足感。[119] 還有另一項研究發現，在大杯子上畫出水平線條[120]作為標準線，可以提醒使用者他們喝了多少量，並減少攝取量。

很顯然，飽足感和攝取量經常是透過眼睛產生而非胃。

決策機會（開一包新的零食、看見杯子上的水平線、續杯）增加了警覺度和認知處理的數量。無論從企業或消費者的角度來看，這件事都可以造成有利或不利的影響。

在某些狀況下，你會想要**刪除**選項，因為讓消費者停下來反覆思考自己的決定，可能會使他們改變想法。想像一下，若Netflix每個月都問你要不要續約，要你每個月都得重新選擇，那麼Netflix可能會因此少掉很多訂閱者，我想，他們並不會樂見於此的。

而在其他狀況下，你會想**增加**選項，以從分割效應中得到好處。除了無節制地大吃和花錢，企業還可以利用相同邏輯來讓員工的思考更有創意。每天跳出幾次提醒，可以鼓勵員工起來走走，仔細思考工作上遇到的某個難題。這樣的分割可以讓員工在一天內轉換不同的思考方式，以及思考各種讓公司變更好的方法。如此即可達到雙贏局面。

就算看似微不足道的改變，也能引發分割效應。即使只是想辦法讓人停下來思考幾秒鐘也好。但請注意，效果會隨時間變差。

你看過餅乾裡的白色隔層紙吧？[121]這張隔層紙實在太普遍了，所以達不到減少攝取量的效果。雖然餅乾裡有隔層的受試者，比沒有隔層的受試者會花更長的時間吃餅乾，但百分之九十四的受試者還是把餅乾都吃光了。但如果用不同顏色的紙隔在二十片餅乾之間，受試者會吃得更慢，而且只有百分之二十二的人吃光餅乾！

努力很重要，但引起意識腦的注意也很重要。[122]

不只有食物

分割不只會影響我們的嘴巴和胃，也會使我們對金錢單位有很大的感受差異。在同一研究中，受試者都拿到裝有一百美金的賭博券。[123]券不一定要拿來賭博，受試者隨時可以拿去兌現。以下是實驗分組：

- 一個裝有一百美金賭博券的信封。
- 四個分別裝有二十五美金賭博券的信封。
- 十個分別裝有十美金賭博券的信封。

你可能會認為，一般而言，人們一旦打開信封，就會將裡頭的賭博券貢獻給賭場。也就是說，這樣的情況應該沒有出乎你意料之外。

原封不動機率最高的，是拿到單一信封的人，但這一組人只要一開啟信封，通常就會花光。拿到十個信封的人，開啟最多信封，但不會超過四個。而拿到四個信封的組別，多數人最多開啟三個信封，但這代表他們還是賭得比拿到十個信封組的人更多：

- 打開十個信封中的四個＝賭掉四十美金優惠券
- 打開四個信封中的三個＝賭掉七十五美金優惠券

從中可以看出，我們有多容易被大腦欺騙，覺得自己「只開了三個信封」，卻沒察覺到改變賭博券的分裝方式，其實就可以讓我們少賭很多。我要再強調一次，你可能根本不會發現差異，而且還會覺得自己克制得好棒棒，一百美金的賭博券只賭了七十五美金，感覺就跟拿到十個信封時只開了五個一樣。

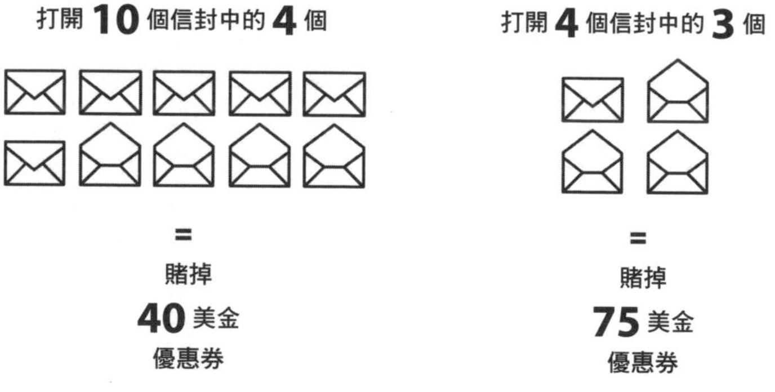

打開的信封數量，可以欺騙大腦，讓你賭更多。

同時，請記住，在這個實驗情境中，沒有設置任何障礙阻止受試者賭博，或促使他們繼續賭。單一信封組的人隨時都可以在花掉二十、五十或七十二美金賭博券的時候停手，但少了極小的交易成本，也就是開啟新信封時讓他們多出幾秒思考，他們比較不容易停下來。

研究也發現，把錢分裝，有助於人們存錢或節制花錢。在中國和印度農村的某一研究發現，薪資分裝在四個信封袋的員工，比拿到一整包薪資的員工存下更多錢。[124]

這稱為**購物衝量效應**。[125]基本上，一旦進入花錢程序，就有很高的機率再買其他東西，直至遇到另一個分割阻隔為止。

分割阻隔有可能是必須換鈔或改用第二個心理帳戶（從支票帳戶到儲蓄帳戶、從簽帳金融卡到信用卡或第二張信用卡）的時刻。

這就是為什麼店家會擺出便宜的商品來招攬顧客，因為一旦你從「逛逛」轉換為「購買」模式，你就更有可能持續開啟這個模式，直到碰到新的阻隔或障礙。而且有些有趣的研究顯示，不必真的採買，光靠想像自己在買東西，就能讓人進入新的模式，而且有更高機率購買不相關的商品。[126]

在事業中應用分割

分割不只會影響飲食、花錢，也不僅是實體的阻礙。任何認知干預，即讓使用者停下來思考的東西，都能引發分割效應（好壞皆有）。聲音、反問句、目標，或進度指標都能達到分割的效果。

聲音：假設我們不讓空調一整天都維持同樣溫度，而是讓它每小時就關掉而且嗶嗶作響，讓你決定要不要或什麼時候關掉空調。逼你起來開空調，或許會讓你願意等幾個小時後再開，而這將會成為節省能源的推力。

反問句：有一次我和我老公在波特蘭機場時，我們想在啟程前買一大包杏仁。我們知道價格比雜貨店貴，但就機場而言，也不算是天價。我們把杏仁交給櫃檯準備結帳，結帳人員指著這包杏仁問說：「你們知道這包多少錢嗎？」

我跟老公互看了一眼，聳聳肩地說：「嗯……應該吧？」結帳人員接著說：「這一包是十二．九九美金。你們**確定**要買嗎？」（用誇張的表情暗示）

這讓我們覺得，買這包杏仁好像太奢侈了，由於太尷尬，於是我們決定放棄……即使我們真的很想吃，而且可以接受這樣的價格。結帳人員提出問題，逼迫我們重新思考決定，不但讓我們覺得買了會後悔，也大幅減少了我們在店裡的消費金額。我很肯定這對結帳人員來講根本沒什麼差，但老闆肯定不是很開心。

這是一個絕佳的例子，讓我們知道，用錯衡量標準對企業會造成極大的負面影響。

不過，結帳人員會這麼做，或許是因為很多人買了大包杏仁後，反過來抱怨價格太貴，想要退貨。也或許是公司要求結帳人員在每一位顧客買杏仁的時候，跟客人確認價錢。這形成了負面循環，因為結帳人員的問題製造了分割阻隔，讓客人重新思考該不該買杏仁，這表示，杏仁的銷量會減少。結帳人員甚至可能跟老闆報告說：「看吧，我們就知道！太多人聽到價格後就不買了。這樣也好，省得我們還要處理退貨！」

顧客其實很滿意購買杏仁的決策，店家卻做了不必要的行為，阻止顧客購買，而且還讓顧客在與店家互動的過程中，覺得自己做出了錯誤的決定，這是全盤皆輸的局面。加入分割阻隔，讓每個相關人員都嘗到了苦果。

就算只是想幫忙，還是很容易變成說服別人不要買，或者讓他們買了某個東西之後不開心（或者開始後悔）。

不斷追問：「你確定？」會製造不必要的分割阻隔。每個人聽到後都會說：「那算了。」當一個人已經決定要購買，請不要做任何事。東西賣出去後，後悔的消費者會自己回來，而且這是他們的工作，不是你的。所以記住，尤其不要在交易進行中多話。

目標或進度指標：預想可能可作為分割阻隔點的事，然後事先安排聯絡時間。例如，如果潛在顧客目前沒有預算和你合作，你可以告訴他們：「沒關係。我很多客戶都是八月才編列預算。等你們明年的計畫出來後，我可以再跟你們聯絡嗎？」

透過**選擇吊詭**的例子可以知道，每拖一步就是對潛在顧客製造分割阻隔，一個讓顧客重新思考或忘記的分割點。在銷售過程中，過多次的信件來往就可能是分割阻隔。既然你負責賣東西（任何商品），你的工作就是盡可能讓交易變簡單。想想你在會議或社交場合中遇到的每個人，有多少人是你真的很想合作，卻因為太忙而疏於聯絡的（而且覺得過了六個月再聯絡有點不好意思，打電話給競爭對手還比較自在）？

有些人遞出名片時會說：「有空打電話給我。」或者：「這是我的名片，可以去逛逛我們的網站，有問題可以告訴我。」但這製造了不必要的分割阻隔，令人更難和他們合作。

妮基・羅氏是Sales Maven的執行長，她表示，與其遞名片給別人，然後說：「有空打給我。」不如說：「我們現在就來安排聯絡時間。周三你方便嗎？」這裡形成了重要的分割阻隔，相較於在沒通知的狀況下打電話請別人與你保持聯絡，在他人的行事曆上預先安排聯絡時間，能提高對方與你聯繫的機率。

運送成本：最近我想在一家小公司的網站上購買刮鬍刀座。刮鬍刀座的價格是六・九九美金，我想買是因為它能解決我的問題。我點選購買，然後發現運費還要另外加三・九九美金。商品本身很小，而且最多幾盎司重，簡單地用平常的信封袋郵寄即可。我想了近**三個星期**，不知道到底該不該買。我反覆逛這個網站和確認購物車、上亞馬遜找同樣的商品，甚至問我老公這值不值得買。

我的癥結點在於：如果它寫九・九九美金含運，我就會立刻買下（而且很期待收到東西）。現在，我對該品牌的印象和購物經驗都被這個分割區隔毀了。

就算是比較重的商品，也要盡量在總額中包含所有費用（運費、手續費、交易費）。我有一位專賣重力毯的客戶，就是透過免運費讓業績大好。消費者對免運的興趣比產品本身的價差更大。而且，基於這個理由，我也不建議企業進行一美金運費的活動。如果一美金你都能負擔，免運也不是問題。

分割效應應用

記住：讓消費者更方便和你交易。移除購買過程中不必要的分割，讓客人和你都開心。

實際運用：檢視購買過程中的每個步驟，想想有多少步驟真的是必要的？有沒有多餘的分割組合或步驟可以刪掉？如果你有提供表格讓客人來電諮詢，有多少欄位要填（有多少是「必填」欄位）？有多少步驟是**真正**有必要的流程？

移除所有非必要的步驟，你會發現竟然能吸引許多潛在客戶（當然，對於販售產品的企業也適用。透過相同步驟找出非必要的分割阻隔，例如運費另計或者多餘的勾選欄位。想想哪些是可以刪除的）。

更多分割效應

你可以在下列幾章看到框架效應：一連串的小步驟（二十四）

收聽 Podcast 節目《機智事業》，深入學習分割效應，讓顧客方便與你交易：

- **（第五十六集）心理帳戶：精打細算管好錢。**這章稍微提到了心理帳戶，如果你想多認識這個概念，這集節目將有完整的介紹。
- **（第五十八集）分割：為什麼打開奇多派對包會吃更多？**講述更多相關研究和應用技巧。
- **（第九十六集）如何讓人更方便和你做生意？**專訪神經語言學專家妮基・羅氏。

第十六章
付錢的痛苦

早在金．卡戴珊「在網路爆紅」的十八年前，AOL公司就搶先在一九九六年推出新的訂價策略，並轟動一時。[127]在AOL推出新方案之前，使用者大多都是以計時方式購買網路：

- 每個月二十小時，十九．五五美金
- 每個月五小時，九．九五美金

多數人會選擇二十小時方案，但人們每個月大概只會用十到十五小時的網路。我肯定AOL的某位員工一定說過：「你們想想，『上網吃到飽』聽起來超厲害。我們可以大力宣傳這個說法，而且又不用監控網路流量，一定可以創造雙贏局面！」他們可能假設多數人還是不會用超過二十小時，所以不會對公司造成什麼大影響。

畢竟每個月只用十小時的用戶，要用超過二十小時還差得遠，所以，這些用戶大概也只有十到十五小時的事情要處理吧？

很合理，但也完全猜錯了。

基本上，使用流量一夕之間暴增了四倍，但AOL卻跟不上這樣的速度。服務出包、問題一堆，甚至有幾位網路掛掉的用戶還告了AOL。

怎麼回事？為什麼一旦沒了限量大家就瘋狂上網？

基本上，每當用戶登入網路，螢幕角落就會出現一個小的流量計。二十五年前有用過AOL的人應該還記得，這個流量計會不斷地滴答響，並且計算上網時間。流量計把用戶的上網時間呈現在意識腦前（**時間壓**），持續提醒用戶快超過用量上限了。

沒有時間限制＝沒有時鐘。

我們都知道一上網就不容易停下來，經常是從一個網站逛到另一個。少了提醒用戶超量的大時鐘，用戶可以一直掛在網路上。AOL因此學到了慘痛的一課。

這也是Uber比傳統計程車更方便搭乘的原因。坐上傳統計程車後，乘客就會不斷看著跳表金額。設想如果你的購物／使用經驗變成這樣：

- 健身房以分鐘或步數計費。
- 餐廳不以餐點計價，而是以客人吃了幾口算錢。
- Netflix的畫面出現時鐘，每十五分鐘就計費一次，或每部片都加收費用。

不斷提醒顧客付費和商品價格，整體來講是很不明智的商業模式。這會造成嚴重的付款痛苦經驗。研究顯示，人在付錢的時候，腦島（大腦的痛苦中心）就會變得活躍。[128]對人類而言，心理上的痛苦類似身體上的痛苦。很幸運的是，Uber 和 AOL 都已經發現怎麼做可以讓人們在付款時比較不痛苦。

很有趣的一點是，如果要付出的是**時間**而不是錢（例如要等上很久），情況又相反了。向消費者報告流程和更新最新進度，可以使人更能忍受等待。這就是為什麼達美樂推出比薩催客、FedEx、UPS及亞馬遜都會即時更新物流狀態，這也是為什麼 Uber 的 Express Pool 服務，它可以顯示等待的時間或及時查看行程，可以讓乘客願意等待更長一點的時間。

讓消費者了解背後的狀況，有助於他們忍受等待時間。[129]

脈絡在付款的痛苦中顯得格外重要。請想像以下兩種情境：

- 你在目前的房子裡住了十年，地毯看起來有點髒，所以你請店家報價換新的要多少錢。結果客廳重新鋪一樣的地毯要花兩千五百美金。
- 你看上一張漂亮的手工編織毯已經好幾個月，最終決定要買下它來讓客廳煥然一新。這張織毯要價高達兩千五百美金，但實在美到讓你愛不釋手。

這兩種經驗為什麼會令人產生不同的感受？為什麼掏出信用卡刷一條長得一樣的新地毯令人難受，但買一張設計師款的手工編織毯卻令人腎上腺素爆發和興奮？

一樣都是鋪在地板上任人踩踏的地毯，但感受卻會影響一個人的購物行為。思考購物經驗

時，放入脈絡非常重要。下列是值得思考的重點：130

- 這是一項投資（增值）還是消耗品（貶值）？
- 商品的優點可以令人開心多久？
- 可以用多久？
- 好處看得到嗎？
- 可以簡單向別人解釋為什麼要花這筆錢嗎？
- 這是例行性（必須）購物或是奢侈品？
- 這是禮物嗎？
- 先付款還是後付款？
- 一次性付款就能解決問題嗎？還是會衍生出更多費用？
- 店家的動機和目的在哪裡？

手工編織毯是奢侈的投資，你期待自己以後會慶幸買了它（而且搬家也能帶走）。因為它可以用很久，而且每天看到這麼美的編織毯都會很開心。這是看得到的酬賞，而且你可以理直氣壯的告訴別人：「我知道有點奢侈，但你們看看它有多美！」你可以在腦海中想像編織這張地毯的工匠，想像著或許你正在支持獨立工作者。

而我們知道，如果買了一般地毯，不到幾年它就會變得髒兮兮，你也只會看到它越來越不值錢。你不會想帶著它搬家，而且任何人來家裡找你，可能都不會注意到你換過地毯。如果你是跟大公司買的，你的腦海中也不會出現什麼美好的想像，甚至會懷疑他們的動機：「拜託！要我花兩千五百美金買同一條地毯？搶錢啊！我猜他們一定賺很多。」

付費和購物有點像是互補關係，因為付款會減少購物的樂趣，但購物也會降低付款的痛苦。如果痛苦與獲得完全分開，你對其中一種感覺的感受會大於另一種，或者能鮮明感受到兩種感覺。

例如你刷卡付款時，痛苦被移除了，那麼你得到的將全都是得到新玩具的喜悅，直到收到帳單為止，然後就會只剩下痛苦（而缺乏獲得的痛苦更折磨人）。

現在付還是之後再付？

好消息！你要去渡假了！你希望獲得哪一種體驗：

- **情境一**：出發前付清所有費用，然後入住全包式的飯店，在沙灘上享用瑪格麗特調酒。你已經預付了當地行程、飯店及機票，只要好好放鬆充電就好。

- **情境二**：你出發旅行，一樣的當地行程、飯店、機票，相同杯數的瑪格麗特調酒，但全部都在旅行結束後結清，所以你回家兩個月後才收到帳單。全部的愉悅都消失無蹤（放鬆感早就完全被耗盡），現在你只覺得有壓力，並且咒罵自己沒事幹嘛去旅行。

一般而言，預先付清奢侈品、豪華體驗及活動會使人比較開心。在體驗前就把所有痛苦擋在門外，表示你可以完全享受獲得的快樂，而不會感到付錢的痛苦。而且，事先付清其實也沒那麼痛苦，因為你會期待接下來的旅行，抵達目的地後就能大玩特玩。如果事後再付，付錢的時候就會覺得這樣的快樂不值這個錢。

相反地，如果你買的是昂貴但會逐漸感受到價值的東西（房、車、洗衣機），付款並同時享用這些物品的好處會讓你付得更開心。人們通常不會在意每個月繳房貸，因為每天都住在房子裡。如果人們買房子只能一次付清，那買房的人就會少很多。

守財奴跟敗家子

雖然大部分人（約百分之六十）是一般的消費者，但我們得記住，還有其他兩種消費者：守財奴和敗家子。[131]其中，守財奴約占百分之二十五。付錢對他們來說實在太痛苦了，因此他們不會買自己需要或想要的東西，因為要他們拿錢出來真的很難受。

守財奴跟節儉的差異在於動機。節儉的人會從存錢中得到快樂，而且他們存錢可能是為了買某個昂貴的東西；守財奴則是極力避免付錢的痛苦。一個人可以同時節儉和吝嗇，但這兩者並不一樣。

跟守財奴相反的類型是亂花錢、撒錢如流水，而且花錢不會心痛的人，這種人稱為敗家子（大約占剩下的百分之十五）。

改變框架，例如說「只收您五美金費用」（而非「收您五美金費用」），會讓每個人都更容易掏出錢來。另外，強調購買某個東西是一種投資，也會降低守財奴付錢的痛苦（而不會對其他兩種類型產生負面影響）。重新框架能讓守財奴覺得自己買對東西（減少壓力和衝突感），而且可以買得更快樂。

另一個對所有人都有效的技巧，就是拿掉一切與貨幣有關的符號。

代幣、籌碼、禮物

大腦會逐漸習慣平常使用的貨幣。美國人很自然地知道一美金、二十五美分、十美分、五美分及一美分的價值，所以會出自本能地感受到付錢的痛苦。出國旅遊，使用歐元、日幣或英鎊時，有點像是在玩金錢遊戲。花錢更容易而且不會那麼痛。[132]

> 移除錢幣符號或逗號可以讓數字看起來小一點，並且避免引發相同程度的付款痛苦。[133]這是**框架**的一種，而且可以改變購買決策。試看以下例子帶來的不同感覺：
>
> - $4,272.00
> - $4,272
> - $4272
> - 4272

將貨幣轉換為籌碼或代幣（類似賭場），會令人們更容易付出相等的金額。

而且，如果你可以把產品或服務定位為禮物，消費者會買得更開心，因為那讓他們感覺愉悅。[134]假設我買了一個昂貴的 Kate Spade 錢包，奢侈的感覺可能會使我產生罪惡感。但如果我老公把它當成禮物送我（錢一樣從我們的共同支票帳戶中扣除，跟我自己花的那筆一樣），就令人開心多了！他不會跟我一樣覺得痛苦，因為他知道我會喜歡這個禮物。而且由於不是我親自去買給自己的，我也不會感到痛苦，所以是皆大歡喜。

企業的任務是找出消費者的需求，怎麼做對他們最有利，並且以最不會造成痛苦的方式呈現商品或服務，讓消費者享受花錢的樂趣。

應用付錢的痛苦

記住：人們購買奢侈品或體驗時，偏好預先付清，昂貴的消耗品可以事後再付，而買禮物對每個人都有利。

實際運用：你的產品是令人期待還是不怎麼令人雀躍？（誠實作答！）想好你的產品是地毯還是手工編織毯非常重要，因為這樣有助於訂定最佳的收費標準，以降低付費痛苦。

額外練習：找出你可以加入類似「只收您五美金費用」用詞的地方，讓所有顧客向你買東西的時候更開心。

更多付錢的痛苦

你可以在下列幾章看到付錢的痛苦：請問要點餐了嗎？（二十五）

付錢的痛苦還有很多有趣的細微差異，我無法在本書中一一說明。收聽以下這集《機智事業》深入了解相關概念，讓消費者更容易買你的產品：

- **（第五十九集）付錢的痛苦：為什麼第一個東西最難下手？**深入了解守財奴和敗家子、把代幣和籌碼當貨幣使用的技巧，以及降低付錢痛苦的影響。

第十七章 驚喜與感動

HuchtaHvIS 'uy'moH.

為了避免你手邊沒有 Bing 翻譯系統，這句話在克林貢語的意思是「感動必須少點期待」。

克林貢語是《星際爭霸戰》中虛擬種族的語言，這個語言怎麼會出現在 Bing 翻譯系統？假設你在微軟工作，就需要不斷和 Google 拚比功能。從傳統角度來看，這個產業似乎沒有任何給用戶驚喜或感動的空間。我的意思是，如果沒有翻譯**需求**，誰又會去找翻譯工具？

加入克林貢語比表面上看起來更複雜。麥特・華勒特是《爆品設計法則》的作者，也是微軟行為科學部門前主任，他告訴我：「由於

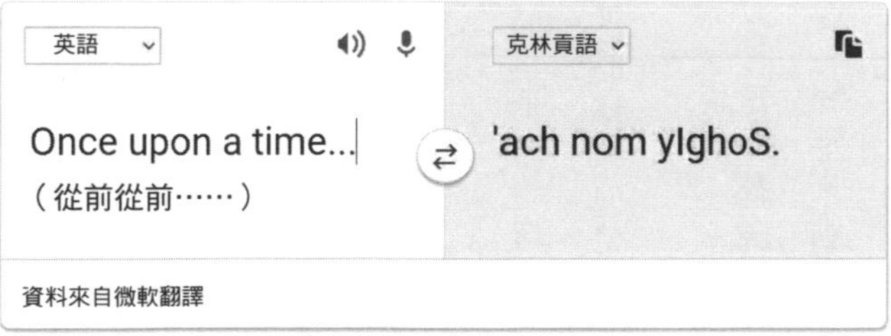

若下次史巴克順路來，我會學好。

克林貢語所有出現過的語彙都來自系列電影或電視，遇到沒出現過的字時，就要去問。」[135]

這留下大量須填補的空白，而克林貢語也是刻意創造來打破所有地球語言規則的語言。華勒特表示：「你不能跟他們說：『哈囉！』因為克林貢人不這麼說，他們只會說：『你想幹嘛？』」少了對照的原文，要憑空創造一個機器翻譯系統難度很高。

但這無疑也製造了使用戶驚喜和感動的機會，讓 Bing 翻譯更顯與眾不同。《闇黑無界：星際爭霸戰》很快就上映，而且是第一次有角色在新系列中講克林貢語。華勒特解釋為什麼這是一個令用戶驚喜和感動的完美機會：

一、**一群熱衷於克林貢語的人被這樣的創舉感動**。以前只有少數人會說「流利」的克林貢語，這些人都對該語言充滿熱情。在新的《星際爭霸戰》電影上映前，邀請他們參與克林貢語的翻譯，對他們來講無疑是夢想成真，而且出乎他們預料之外。

二、**增加永續發展的可能性**。這也表示，這些翻譯者有很多機會可以分享 Bing 翻譯系統的特殊之處，並且持續這個系統的討論熱度。這吸引了其他興奮的《星際爭霸戰》迷來看看 Bing 翻譯到底是什麼，並且查詢克林貢語的用語，因為說克林貢語的人本來就是一群喜歡用語言表達的粉絲。

三、**製造更多感動的小機會**。在好萊塢的電影首映會上，是用克林貢語來提醒觀眾將手機關靜音。現場提供特殊手機，讓觀眾可以拍下星際中出現的克林貢語，並且及時翻譯（包括華勒特頭髮剃出來的字，意思是：盡心製造感動）。全世界最精通克林貢語的人，剛好就在微軟工作，也出現在首映會慶功宴上的 Bing 專區中。這些都是散播歡樂和趣味的諸多機會（令人們希望能在翻譯系統中看到這些好玩的部分）。

滿意從來不是感動

很多人認為不滿意、滿意及感動之間存在著線性關係，但事實並非如此。[136]再多的滿意也不能使人感動，因為「超滿意」還是只是滿意而已。

顧客經驗的級別走勢反而是這樣：

暴怒→不滿→滿意→感動

想一想其中兩個負面情緒（不滿和暴怒）和正面情緒（滿意和感動），就會發現兩者之間的真正差異在於驚喜。當人經歷正面的驚喜體驗，比如完整功能的克林貢語翻譯系統，就能帶來感動。至於意外的負面驚喜，則是暴怒。

任何**預期中**的狀況都會落在滿意的象限裡。假設顧客已經有所預期，就只會依狀況不同而產生滿意或不滿的情緒（我預期翻譯機可以翻出正確的義大利文，如果沒有，就會產生不好的體驗；如果翻譯機精準翻譯，也只會讓使用者滿意，但不會感動）。

最理想的情況是，顧客對大部分情況滿意，偶爾跳出一些「感動」。想感動顧客須多花心思甚至花錢（雖然不必如此）。這麼一來，問題就會變成，值得投資嗎？

簡潔的回答是：值得。

以下是長一點的回答：

感動比單純的滿意更有機會促發顧客的忠誠度，而很多研究顯示，忠誠度有助提升獲利和股價。[138]

企業讓顧客滿意後，顧客忠誠度的曲線就會開始趨緩。[139]因此，當顧客感到滿意，就等於已經有固定程度的忠誠度，不論顧客後來是從還算滿意變成滿意或超級滿意。

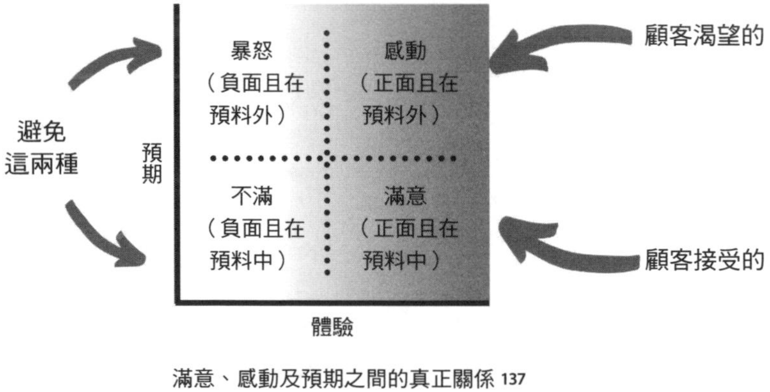

滿意、感動及預期之間的真正關係[137]

但如果發生了感動呢？下巴扶好了，各位女士先生們！忠誠度就會噴發。

設想一下購買車子的情況。對車廠來講，讓顧客回購這種大筆且非經常性的商品非常重要。對車廠而言，感動對忠誠度的影響有多大？從賓士的研究[140]可以看到，每組顧客的回購率如下：

- 不滿意：百分之十
- 滿意：百分之二十九
- 感動：百分之八十六（超值得！）

別落入滿意度的陷阱

滿意的顧客不一定死心塌地。他們可能會展現忠誠度（可能是因為企業做很多特別促銷活動或著換品牌的成本太高），但這並不是真正的忠誠。忠誠是源自於感動。

感動的經驗會直接刺激大腦的情緒中心（使人愉悅的化學物質），使人們更容易記住並分享這些經驗（給予永續發展的動力）。[141]但請記住，暴怒也是這樣，它是感動的另一面。這就是為什麼負面的驚喜好像會一輩子留存在顧客的記憶中。所以，請謹慎運用驚喜，確認這能使顧客產生正面的體驗。

如果你還在問自己：「這樣做值得嗎？」請看看以下數據：

・忠誠度提升百分之五，能增加百分之二十五到八十五的獲利[142]

・受到感動的忠心顧客，終生價值等同於十一位「一般」顧客[143]

想一想，這些參與專案的克林貢語者，會不會對微軟產生忠誠度，並且不經意地在聚會中和社群媒體上聊到這件事？絕對會。

衡量問題

顧客不可能跟你說怎樣才能讓他們感動，因為驚喜必須是預期外的。而且，如果你還在利用顧客滿意度來調查顧客忠誠度，該換個方式了。想想你在做問卷時，看到以下這兩個問題有什麼感覺？

・您是否滿意銀行上周的服務？

・您上周赴銀行辦事時，銀行人員的服務是否令您感動？

針對第一個問題，你可能會敷衍地回說「滿意」或「應該吧」。如果滿分是十分，你可能會給八分。但是，「銀行人員的服務是否令您**感動**？」這個問題會使大腦產生不同的感覺。這個問題不符合潛意識的標準規則，因此會讓你多想一點。「嗯……，你說**感動**嗎？我不確定我有沒有被感動到。」（基本上這句話的意思是，沒有，他們沒有被感動）

如果一個人感受到我在這裡所說的感動，這會使他產生忠誠度，並且想要推薦給其他人，他們會立刻表現出來，而且從他們的表情和語調就看得出來。因為滿意比較偏向認知過程：有所期待，而這些期待獲得了滿足或落空。感動和驚喜的另一面「暴怒」是情緒。我們無法控制這些情緒，但會與別人分享，例如氣到破口大罵或開心到手舞足蹈時。這些情緒多是由驚喜激發的。

獨鍾 Heinz 番茄醬

Heinz 番茄醬可以不斷詢問顧客，怎麼做才能讓他們感到驚喜和感動，但我想不會有人想到 Edchup。[144] 你說「Edchup 是什麼鬼？」

原來紅髮艾德是 Heinz 番茄醬的超級粉絲，他連手臂上都刺有該品牌的圖樣。Heinz 說過，他們在 Instagram 上的活動，有三分之一都與紅髮艾德有關，無論是被標籤或被標註，因此紅髮艾德的歌迷都知道他愛慘了這牌的番茄醬。

紅髮艾德的一篇貼文獲得一百一十萬個讚和超過一萬篇留言，Heinz 為了慶祝一百五十周年，還推出限量的 Edchup 瓶身，上面的番茄圖樣，葉子變成頭髮，還戴著眼鏡，同時也與紅髮艾德合作拍攝了廣告。

這麼做是其他顧客的建議嗎？一般客戶會渴望買這樣的產品嗎？大概不會。但紅髮艾德的歌迷一定興奮得很想買到 Edchup。而以紅髮艾德對該品牌熱愛的程度來講，他一定非常滿意以這樣的方式展現自己。如此瘋狂似乎有點蠢，但紅髮艾德就是愛死了 Heinz 番茄醬！

對他來講，這是夢想成真，而 Heinz 也得到好處。

紅髮艾德還在相關貼文中標註了 #believe#DreamsComeTrue #achieve and #TheDreamThatKeepsOnGiving 等標籤。

Edchup 擁有與 Bing 翻譯系統的克林貢語相同的元素：一「小群」團體受到感動（紅髮艾德和他的粉絲）、一連串的小感動，以及無止境利用這些感動來補足能量，促使永續發展。

好消息是，在沒有紅髮艾德巨星魅力的情況下，你的品牌還是可以達到這個目的。

來自禮節的驚喜

一項讓人頗感失望的研究發現，「禮數」是最多企業用來帶給顧客驚喜和感動的方式（這些都在顧客的預期中）。[145]不過好消息是，這個方法簡單又不花錢。下放權力讓員工可以極盡誠意、貼心並且做到超乎顧客預期，就能帶來很大的改變。找出你可以超乎顧客預期的時刻，並且想辦法感動顧客，例如：

- 在三月或八月（出乎預料）寄送禮物，而不是寄送節日禮（預期中）。

- 在顧客生日時寄送驚喜賀卡，取代公式化的生日祝賀 email／賀卡。
- 在社群媒體上互動，開啟真正的對話、留言並認真回覆信件。聽眾經常留言告訴我，他們有多感謝我做這些。

不要受**羊群效應**的影響，覺得自己應該寄出跟別人一樣的東西（或採取同樣的行動）。這恰恰是你應該在其他時間寄送東西的原因，因為沒有其他人會這麼做。而這就會使顧客驚喜並感動。

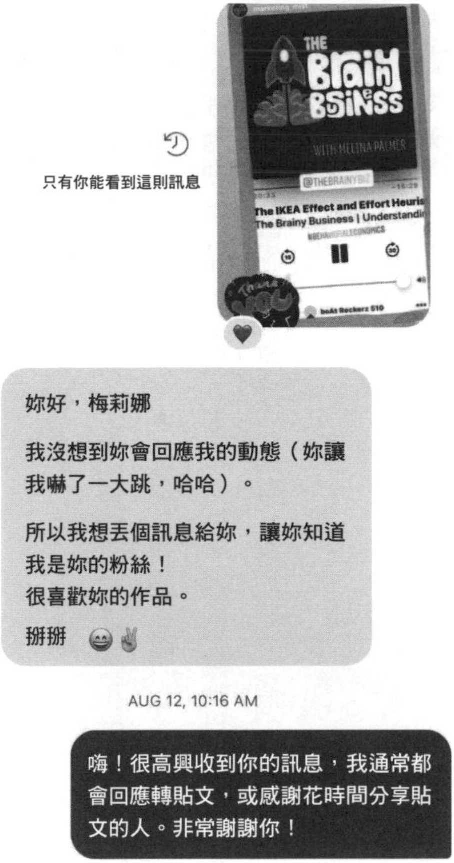
只有你能看到這則訊息
THE Brainy Business
WITH MELINA PALMER
@THEBRAINYBIZ
The IKEA Effect and Effort Heuris
The Brainy Business | Understandin
妳好，梅莉娜
我沒想到妳會回應我的動態（妳讓我嚇了一大跳，哈哈）。
所以我想丟個訊息給妳，讓妳知道我是妳的粉絲！
很喜歡妳的作品。
掰掰
AUG 12, 10:16 AM
嗨！很高興收到你的訊息，我通常都會回應轉貼文，或感謝花時間分享貼文的人。非常謝謝你！

轉分享可以令人欣喜若狂。

驚喜與感動應用

記住：滿意和感動不同。出其不意的正面經驗會帶來感動和忠誠度。

實際運用：什麼是你的「Edchup」或「克林貢語翻譯機」？把餅畫大一點，且列出所有可能讓顧客驚喜和感動的絕妙點子。你不必全數執行，但記錄感動日誌會帶給你愉悅的經驗，同時讓你想到更多驚艷顧客和同事的有趣方法（還有，當然要選一個來執行並創造感動）。

更多框架效應

你可以在下列幾章看到框架效應：行為塑造（二十一）、一連串的小步驟（二十四）、新鮮感和故事的力量（二十七）

Surprise！在以下幾集 Podcast 節目《機智事業》中，對驚喜和感動的概念有更深入的討論和更多實踐方法：

- **（第六十集）驚喜和感動**。更多與驚喜和感動相關的研究、案例、應避免的錯誤及應用方法！
- **（第一二八集）從最後開始**。專訪麥特・華勒特。除了 Bing 翻譯系統的克林貢語，我們還討論更多他參與過的有趣專案。

第十八章

峰終定律

假設你跟家人在餐廳享用晚餐。經理在上甜點的時候走來問候你們說：「今天的用餐還愉快嗎？」

你或許會出於直覺地說「愉快」或「很棒，謝謝！」但如果要你提供一個有建設性的回答（假設有人付你薪資進行顧客體驗調查）你會有多認真？相較於直覺式的回答，裡頭又會有多少真實？

認真回答這個問題，須考量所有層面。[146]除了要替每一道菜色的味道、溫度、口感評分，還要考量與服務人員的互動、等待時間、用餐環境、價格及其他因素。每個項目都有很多不一樣的時間點要思考，況且，思考的次數要多頻繁才能給出完整的答案？每分鐘？每秒？每毫秒？

這些甚至都沒考慮到轉換表的作用。味道要多美味才能彌補被扣分的環境？

大腦光是想這些東西就可能崩潰，所以它才會運用峰終定律（Peak-End Rule）。

運用這個簡單的心理技巧，可以讓你聽到「今天的用餐還愉快嗎？」的問題時，不必平均所有因素的分數並認真進行複雜的計算，就能回答：「還不錯。」

基本上，除了最高峰（無論好壞）和結尾，大腦全忘得一乾二淨，其他部分都只淪為背景。即使品牌付錢請你提供意見，你也會這樣。回想你上次上網購物、入住旅館、旅行、打電話給客服的經驗，是不是全都只剩下高峰和結尾？

哎喲！

丹尼爾・康納曼[147]及其同事做過一項知名的大腸鏡檢查實驗，他們盡全力將實驗設計得很糟：最高峰和結束都是在最痛苦的時刻。

他們更提出了一個意料之外的做法：延長檢查時間。

前面的檢查程序完全一樣，其中一組延長實驗時間，讓痛苦緩緩消失。

技術上來講，這一組承受了更久的非必要痛苦，但相較於檢查時間較短的組別，經歷更久痛苦的參與者表示，他們比較喜歡這樣的檢查，而且願意再接受一次檢查！

延長時間，讓最高峰逐漸褪去，而不會成為結尾，就會讓整個過程變得更舒服。怎麼會這樣？這是因為我們只會把這兩個點當作參考點，而不會在意時間長短，也就是會**忽視持續時間**。

丹尼爾・康納曼的另一項實驗是讓受試者把手放在極冰的水中六十秒。受試者不怎麼喜歡這個體驗。第二次實驗的開頭一樣，但六十秒過後，讓受試者**繼續**把手放在水中三十秒，並逐漸升溫兩度。讓水溫暖一些，同時讓手放在水裡的時間多了百分之五十。我猜你會知道接下來的結果：受試者更喜歡這個體驗！[148]

受試者忽略了整個持續的時間，而且偏好把手放在水裡**更久**，因為水逐漸變暖，並且分開了高峰和結尾。

這情況很扯，卻是千真萬確。但請不要以為這個定律適用所有情況（這絕對不是個好點子），並非所有狀況都適合延長，一切都要視脈絡而定。

大致而言，若高峰是負面的，別結束在這裡。

若情況相反（正面的高峰），在高峰結束就是好的。想一想以漸強演奏做結尾的音樂會、煙火表演最後燦爛的一幕，或者雲霄飛車最刺激的一段。若這些經驗結束在最高潮，會令人感覺特別良好。

別犯這些常見的錯誤

珍妮佛・克林漢斯上《機智事業》時告訴我，多數企業運用峰終定律時犯的最大錯誤就是，不知道在整個過程中，哪裡才是真正的結尾。她分享了其著作《駭入你的選擇》中提到的迪士尼案例研究。

其他企業可能會假設迪士尼的體驗結束在遊客離開園區時，但迪士尼知道他們的體驗事實上是結束在**記憶**中。但迪士尼要怎麼控制遊客的記憶？幾十年前，他們與柯達合作，討論出哪些顏色在照片中看起來最美，並且把所有的通道都漆上充滿生氣的顏色。簡單的改變製造了經驗中真正的結尾，讓遊客在記憶裡重新體驗這段夢幻的體驗。

每家企業必須考量很多的經驗路徑。每個獨立的購物順序、站內搜尋、播放影片、email 排程、客服中心應對等等，每個路徑都有獨立的評估重點，有高峰和結尾，這些加在一起後，即形成顧客對品牌的整體體驗（記憶）。

呃噢……所以現在怎麼辦？

即使計畫得很周全，還是有可能發生負面事件。

嚴重時，可能會令人覺得山窮水盡，但負面事件卻不一定非得是**體驗**的結尾。就各方面而言，你還是有機會決定負面事件要持續多久。記住忽視持續時間：當最後三十秒水越來越暖，人們更喜歡把手泡在冰水裡久一點。

即使你沒有機會製造正面高峰，花點心思確保別以最糟的時刻做結尾，仍可以大幅改善顧客對品牌經驗的整體感受。

客人可能會暴跳如雷並且威脅要換別家廠商，但由於**現狀偏誤**的影響，他們會覺得尋找其他替代品牌太費事，所以，這個因素通常會延緩他們離去（尤其當顧客長期對品牌保持正面觀感時）。

避免從單一時刻進行短視思考，觀察顧客的整體體驗旅程會讓你找到改善顧客體驗的機會，甚至加入**驚喜和感動後**，將會提升所有人的整體經驗。

峰終定律應用

記住：延長負面的體驗，不要結束在最糟糕的時間點，可以令整體經驗變更好。盡可能讓好的體驗結束在最高峰。

實際運用：想一次處理所有體驗會令人吃不消，而且會手忙腳亂（這是第四部要告訴大家的事）。

我的建議是花一小時思考。用前三十分鐘（沒錯，就是整整三十分鐘）列出所有你**能**改善的經驗。大腦幾分鐘後就會想投降，但撐過這一關，你就會看到希望。接下來，用剩下的三十分鐘排列優先順序，我喜歡用一級、二級、三級的方式來排列優先程度，然後再依重要程度挑出最重要的流程。

現在你知道只有兩個時間點最重要，便可以把焦點放在特定體驗中的這兩個時刻（而不是思考整個流程，然後累癱）。

- 目前的流程中，最重要的體驗是哪部分？
- 高峰在哪？真正的結束又在哪？
- 可以改善哪些地方？
- 怎麼改善才能提升該體驗？

更多峰終定律

你可以在下列幾章看到框架效應：一連串的小步驟（二十四）、請問要點餐了嗎？（二十五）

了解峰終定律，有助大幅緩解創造顧客體驗旅程的壓力。當你不再聚焦於每分每秒，就能花更多精力在真正重要的事情上，讓顧客體驗價值飆升！請收聽以下幾集《機智事業》，學習更多應用方法：

- **（第九十七集）峰終定律：為什麼平均表現不重要？**本集提出了更多例子，以及如何在員工績效考核時避免峰終定律，給出更公正的評比。
- **（第一四一集）珍妮佛．克林漢斯分享了企業在顧客體驗中最常犯的錯誤**。詳細了解本書中提到的迪士尼例子、如何在顧客體驗中運用峰終定律、情感的重要性等等。

第十九章

習慣

你現在已經知道了潛意識腦是用經驗法則來做大部分的決定，但具體而言到底是什麼意思呢？比如說你買東西的時候是清醒的嗎？讓我們來看一下下面的例子：

- 你在雜貨店裡找濃湯罐頭。走進通道後，你是不是在找紅色或藍色罐頭？（不用我說，光提到顏色，你就已經知道我在講哪些品牌了吧？）
- 還有汽水。如果你想喝「可樂」，你大概會找紅色或藍色罐子（又來）吧？而且，就算你**不喝**汽水，也知道藍色和紅色罐子分別是什麼品牌吧？
- 假設你要換手機。你會考慮買其他品牌嗎？就算是非經常性的購物，我們仍會根據習慣做選擇。
- 假設你都是去 Target 採買開學用品。我打賭，如果你八月看到這些紅色的標靶圖樣，就會立刻想到：「對了，也要再買一些上學穿的衣服。星期四應該可以早點下班，然後……」

你看出什麼端倪了嗎？腦海中的聯想能促發行動（或者採取行動的渴望），很不可思議吧。基本上這就是習慣的作用，養成習慣的四個步驟為：提示、渴望、反應、獎勵。[149]

無論是多巴胺、催產素、血清素或腦內啡，大腦都不斷在渴求令人愉悅的化學物質。這就是為什麼養成習慣過程中的第四步驟——**獎勵**——如此重要。習慣之所以會養成，是因為大腦試著找出能獲得獎勵的固定模式。很簡單吧？

這就是提示起作用的地方。提示是暗示大腦某個地方有獎勵的信號。提示會直接引發**渴望**。你想要某個東西不是因為東西本身，而是因為大腦將受到**獎勵**。而且，正如我們所知，我們很難忽視渴望。意識腦會迅速聚焦在渴望上（請記住這裡誰做主），直到你**回應**渴望並且採取行動（通常是指給大腦它想要的東西，讓大腦獲得獎勵），否則渴望就會糾纏你到天荒地老。

如果對渴望投降並且讓大腦獲得獎勵，那真是雙重災難，因為原始的指示將被增強，越來越具影響力（就算你發誓這是**最後一次**，你還是會向渴望投降）。

看到事態演變成這樣，應該很令人苦惱吧？這個時候真的「很想賞自己一巴掌」，這就表示，我們正走在正軌上（潛意識知道自己做了什麼。當你說：「是你做的。」而潛意識說：「對，是我做的。」通常是好兆頭）。

意識腦認為需要改變**回應**，但這是錯的。如果你想戒掉一個習慣或養成新習慣，提示和獎勵階段才是關鍵所在。因為這是驅動行為的因素。

習慣性購買

人們有百分之九十五的購買行為源自於習慣。[150]如果你沒學過行為經濟學（跟你的對手一樣），就不免會關注其他百分之五的非習慣性購買，並且進行邏輯性的銷售。這比順從大腦天生的傾向、並享受百分之九十五被習慣控制的生活還難。

怎麼知道自己的行為是不是習慣？

溫蒂·伍德是該領域的專家，她在 Podcast 節目中分享到，想一想你在做某件事的時候，是否要全心專注或可以分心想其他事情？

- 早上一邊泡咖啡，一邊想怎麼回 email。
- 一邊開視訊會議，一邊看簡訊。
- 開車時聽 Podcast 節目？
- 邊逛賣場邊講電話？

如果你不用腦就能做完這些行為，代表這就是習慣。

設想你要行銷 Cheerios 燕麥圈。

市場反應熱烈，很多人購買 Cheerios 燕麥圈。媽媽覺得這是健康的、方便的早餐，所以每周的購物清單中都會有燕麥圈。她們的習慣是「穀片快沒了，差不多該補貨了。」而不是「我需要更多的早餐選擇。」而且她們也不會找替代品。當她們走到穀片區，她們不會看一眼其他品牌，而是直直朝 Cheerios 走去。這些消費者習慣性購買你們家的穀片，而且你絕對不希望她們變心。請想一下哪些提示能夠非常有用地引發消費者對 Cheerios 的「渴望」，例如，將 Cheerios 的盒子擺在香蕉或牛奶旁邊。找出更多方式，讓已經想購買 Cheerios 的消費者，將 Cheerios 與更多東西聯想在一起。

意識腦老是會覺得別人碗裡的看起來比較好吃，一旦它開始注意到**其他**品牌的穀片，在這個有可可球、香甜玉米片、水果圈圈、肉桂吐司片可以選擇的市場中，你要拿什麼跟人家比？在被高糖炸彈炸死之前，你得拿出對策！你說：「我們不會讓顧客拋棄 Cheerios，轉買其他品牌！」「我們不會讓問題一發不可收拾！」因此，你推出香甜燕麥圈、巧克力燕麥圈、水果燕麥圈、肉桂燕麥圈、蘋果肉桂燕麥圈，所有市場上看得見的口味，Cheerios 都有！

而為了不削弱 Cheerios 原味黃色盒子的存在感並清楚顯示你的意圖，所有新口味穀片的包裝顏色都與對手的一樣。

你送新口味的優惠券給會定期購買 Cheerios 燕麥圈的忠實顧客，防止他們在想吃甜穀片的時候買其他品牌。這看起來很合理，對吧？

但問題就出在這裡：你已經干擾了顧客的習慣順序。

原本只會考慮買 Cheerios 燕麥圈的人，現在知道早上還可以吃巧克力（香甜／水果／肉桂）麥片。他們或許從沒買過其他品牌，但現在他們整個眼界大開，而且他們喜歡新口味勝過原味的 Cheerios 燕麥圈（因為含糖）。他們可能會更想試試你家品牌所模仿的「正版」口味。畢竟如果香甜 Cheerios 燕麥圈的目的是做得跟香甜玉米片一樣，那香甜玉米片應該更美味吧？

你很有可能是拿石頭砸自己的腳，因為你讓習慣性購買自家產品的顧客，轉而願意嘗試其他品牌的麥片。而且，他們可能一去不回。

很重要的一點是，我並不是說 Cheerios 燕麥圈不應該出新口味。我舉這個例子反而是要說明，一定要看清楚客群是誰，以及中斷顧客的習慣性購買循環，會對產品的市場定位造成什麼影響。給忠實顧客優惠券可能不是一個好做法，但給平常就會吃香甜或巧克力玉米片的消費者優惠券，卻可能是極佳的策略，因為這可以打破他們的習慣性購買循環，並嘗試你的品牌。

品牌龍頭不會想做多餘的事來動搖自己在市場上的地位。可口可樂與百事可樂有不同的行銷策略。Jones Soda 必須用優惠券和瘋狂的方式，才能讓消費者接收到指示，在想喝汽水的時候想到他們。

你可能不認識 Jones Soda，這家汽水公司的總部位於西雅圖，除了傳統的可樂和檸檬汽水，他們還有很多特殊口味的汽水，例如在感恩節推出「火雞肉汁」（兩小時內完售）。他們常規的口味都很有趣，比如說西瓜、Fufu 莓、藍色泡泡糖、超酸軟糖藍莓（你的臉是不是皺了一下？這就是**促發效應**的作用）。

Jones 有一大票鐵粉，並且與奎斯特球場（在商店販售印有西雅圖海鷹隊球員的汽水瓶）和阿拉斯加航空公司合作，推出獨家商品。他們也是第一家在區域性 7-11 販售蔗糖飲料的公司。儘管他們從來沒扳倒過可口可樂和百事可樂，但他們成功打進小眾市場，並且打造了讓鐵粉傾心的品牌。

擬定策略時，將既有顧客和潛在顧客的習慣納入考量非常重要。如果你不是市場龍頭，就得想一些噱頭打破顧客的習慣性購買循環。然而，就像我在 Cheerios 燕麥圈提到的，市場龍頭如果去模仿對手，就可能會破壞自己的市場定位。

一致性是關鍵因素

這個世界資訊氾濫。若你希望人們會期待看到你發布訊息（所以人們會追蹤、展開互動並且產生黏著度），**你必須保持一致才能成為人們的習慣之一**。另外，再多跟你說一件事，你還可以加入一些**驚喜和感動**，讓人們分泌大量**多巴胺**並**期待**維持相同的習慣。

尼爾・艾歐在其暢銷著作《鉤癮效應》中，提到了許多聰明的技巧，除了矽谷，還有很多公司都運用了尼爾・艾歐提出的方法。[151]

一旦你開始注意企業用了哪些方法讓使用者建立習慣，你就能在各種APP中發現它們的存在：

- 多鄰國語言學習平台會給予某些用戶使用上的優先權，條件是要連續登入超過三百天並完成練習，而且只要連續登入十天並完成練習，就能賺到鄰角（該平台的貨幣）。
- Candy Crush和Pokémon GO都會在玩家連續登入幾天時給予獎賞。
- 社群媒體平台定時發通知（**推力**），提醒用戶登入。

盲目模仿別人之前，想一想你希望顧客對

尼爾・艾歐的鉤癮模式

尼爾・艾歐的鉤癮效應

什麼東西產生習慣。Pique是由森德希爾·穆拉伊特丹、邁克爾·諾頓及貝克·威克斯共同打造的APP，目的在於幫助人們改變固定的生活模式，並且每天做一件不一樣的事情。[152]

基本上，他們希望使用者戒掉習慣（沉迷社群網路、忽略真正重要的人、整天庸庸碌碌，卻不知道身邊發生了什麼事），但也要使用者建立新習慣：慣用Pique。這個APP企圖讓用戶透過每天登入後到「我的箱子」裡尋找協助，例如打電話給老友聊聊，或者學習放空的好處，培養嘗試新事物的習慣。

習慣並沒有不好，我們需要習慣才能存活。了解大腦如何運用習慣，並知道如何利用習慣，對企業來說是基本的功課。最後一個問題是，改掉習慣還是建立另一個習慣比較容易（稱為**誘惑捆綁**）？凱薩琳·米爾科曼是賓州大學華頓商學院教授，她進行了一個名為「把《飢餓遊戲》綁在健身房裡當人質：對誘惑綁定的評估」的研究計畫，研究的參與者只能在健身房使用iPod。該實驗利用的是誘人的習慣：聽有趣的有聲書，並結合另一項人們想養成卻不自覺推託的習慣，例如運動。[153]

iPod被「挾持為人質」的參與者，上健身房的次數比其他組多出百分之五十一。而更神奇的是實驗結束後發生的事，近三分之二的人選擇付費使用只能在健身房用的iPod！

你會用哪些有創意的方式運用習慣，吸引既有和潛在客戶？

習慣應用

記住：百分之九十五的購物都是出自於習慣。擬定行銷方法前，先想想你是市場龍頭和還是大品牌的競爭對手。一致性和可預測性是建立習慣的關鍵。

實際運用：針對每一類客群以及潛在顧客採取不同的習慣策略。

我建議可以從最優質顧客開始練習。我說的「最優質」顧客是指你希望越多越好的消費者。如果你只能有一種客人，你希望他們做什麼？

觀察他們的行為，哪些是你想要複製的重要習慣？他們的行為與其他客人有哪裡不一樣？找出這些最優質顧客如何、在哪裡以及什麼時候建立起他們的習慣（指示和獎勵是什麼），找出這些習慣後，你又要如何用它們來影響其他客群（無論是其他有可能在推力下成為「最優質」顧客的既有客群，或者新顧客）？

更多與習慣相關的知識

你可以在下列幾章看到框架效應：行為塑造（二十一）、你在想什麼問題？（二十六）

習慣的概念還有很多精采的內容可以探討，而且它本身就是一個有趣的領域。我前面提到的溫蒂．伍德教授，在以下列出的 Podcast 節目中分享了她的研究和著作《習慣力》，我也相當推

薦詹姆斯・克利爾的《原子習慣》，和查爾斯・杜希格的《為什麼我們這樣生活，那樣工作？》

另外，如果想深入了解習慣，並且將習慣運用在生活和事業中，請收聽以下幾集《機智事業》：

- **（第二十一集）百分之九十五的決定出自於習慣，你的事業選對邊了嗎？**深入了解習慣以及習慣的運作方式。
- **（第二十二集）習慣的力量**。由於習慣有太多內容值得分享，因此我分成兩集來討論，這一集教你如何利用習慣。
- **（第七十八集）尼爾・艾歐教你如何不分心**。我在本文中提到尼爾・艾歐的著作《鉤癮效應》，以及將習慣應用在事業中的鉤癮效應。他還有另一本著作叫做《專注力協定》，更深入探討了個人習慣以及如何提升生產力。
- **（第一二七集）與溫蒂・伍德教授討論好習慣、壞習慣**。溫蒂・伍德教授在習慣領域是全球公認的權威，她在本集節目中談到了她的基礎研究，並讓聽眾更了解習慣。

第二十章 互惠性

今天是十二月某個周五下午三點半。你正在整理郵件並替專案結案，準備收工後好好享受整整一周的假期。「叩、叩」的敲門聲吸引了你的注意。你從螢幕抬起頭來，原來是人資部門的南西，她手上拿著一個包裝簡潔的盒子。她說：「不好意思，打擾了。不過我知道你下星期不會進辦公室，所以想在今天下午下班前把禮物交給你！」她露出燦爛的笑容，將綁著蝴蝶結的盒子遞給你。

你沒有替南西準備禮物，因此內心充滿罪惡感。你忍不住說：「妳絕對不敢相信，我把妳的禮物放在了家裡！就在門旁邊……假期過後我會再帶來的。」

為什麼你現在會覺得有義務要送禮物給南西，但五分鐘前卻可以頭也不回地下班？為什麼這個當下會讓你整個假期為此苦惱？

原因就是互惠性。

得到禮物，就算是小禮，也會驅使我們回贈東西。不回禮感覺就是怪怪的。

《宅男行不行》裡的謝爾頓．庫珀說過：「喔，佩妮。我知道妳覺得自己這麼做很大方，但送禮的原則就是互惠。妳不是送我禮物，而是給我一項義務。」[154]

當佩妮說謝爾頓不需回禮，謝爾頓回答：「怎麼可能！我一定要！我現在必須出門為妳買一個等值的禮物，而且透過禮物展現我們的交情，就像妳給我的禮物一樣。」

簡而言之，這就是大腦處理送禮的方式。然而我敢說，謝爾頓搞錯一件事了（但別跟他講）。他說他必須出門買個「等值的禮物以展現交情」，無論佩妮送他什麼。事實上，大腦通常會高估我們收到的禮物，並且予以**更高**的回報。

想像你用完餐後，餐廳送你一點小禮。我的小禮是指真的**非常微不足道**的禮物，可能是一顆薄荷糖或幸運餅乾。你認為這個「禮物」會影響你給小費嗎？你可能會搖搖頭，但研究數據顯示，一顆薄荷糖可以增加百分之三的小費。[155]

算算薄荷糖的成本，對餐廳而言，這是報酬率很高的投資，而且消費者的大腦會覺得非「回禮」不可。那如果餐廳給兩顆薄荷糖呢？你認為小費應該會增加兩倍，變成百分之六，對吧？錯了。小費幾乎直接翻**五倍**，增加了百分之十四！

假設在美國的餐廳，人均消費為二十美金，而平均小費是百分之十八，那平均小費就是三．

六美金。這兩顆只值幾分錢的薄荷糖，竟然可以讓平均小費增加到四．一〇美金，整整多出五十美分！

如果餐廳耍點把戲，清楚讓顧客知道自己多得到了一顆薄荷糖呢？會有什麼差別嗎？如果是在其他地方聽到這個問題，你可能會說：「怎麼可能！」但因為你知道事情會怎麼演變，所以我肯定你並不意外會發生以下情況。

服務生遞帳單時順便給客人一顆薄荷糖，作勢轉身要離開但又走回餐桌說：「你們知道嗎，你們是很棒的客人，所以再多給你們一顆。」結果小費金額會整個飆高！增加了百分之二十三（請注意，這就是把平均小費提高到四．四三美金，整整比控制組高出八十三美分。要達到這樣的成果，只需兩顆薄荷糖和一點心機）。

很顯然，釋出善意和多用心絕對大有幫助（但看過**〈驚喜與感動〉**這一章後，你應該早就知道了）。

而且我相信你一定會說：「這招對我沒用。」或「我才不會被這種把戲欺騙。」但是我確定，所有參與研究的人也說過同樣的話，這點小東西不可能影響他們給小費的金額。由於薄荷糖沒有刺激到意識腦，所以糖果似乎無關緊要，但研究不會說謊。潛意識腦覺得有義務要回饋，而且通常會給得更多（最重要的是，給得更多會讓消費者留下更美好的體驗，所以在我的書裡，這仍算是成功的策略）。

促進互惠的三種方法

就像大腦有許多規則一樣，互惠性也可以透過許多方式出現。我要分享以下三種方式：免費贈品、由小而大、從無理要求到實際得到。

技巧一：免費贈品

企業經常送贈品，理由非常正當：贈品可以促發互惠性！贈品可以是薄荷糖、免費試用、滿額禮、免運、電話訪談，了解潛在客戶、試銷優惠價、誘餌磁鐵、選擇性訂閱電子報。

無論送什麼、禮物大小，送點免費的小東西都會讓收禮的人更喜歡你。送禮有助於別人了解、喜歡且信任你，同時也能促發互惠效應。而且，他們會怎麼回禮？最好的方式是，向你而不是你的競爭對手買東西。但是，還有很多其他交換小禮物的方式，可以讓企業與顧客建立持續的信賴和互惠關係。

簡單一點的像是，顧客提供自己的 email、閱讀 email、點開並分享企業寄發的資訊、在社群媒體上互動等，都是顧客回饋的禮物。不斷提供小禮物和展現慷慨的態度，可以讓顧客心生感激，並且幫助企業獲得更多互動性高的粉絲。

Podcast 節目《機智事業》就是從我的事業衍生出來、給顧客的最大回禮。我要花好幾個小時製作每周的節目，很多集節目都附加免費的表格作為禮物，讓有興趣的人強化節目中談到的概念（有興趣的聽眾現在可以拿到多達五十五種以上的贈禮）。所有用心製作出來的節目，也都會加深與聽眾間的互惠關係。

聽眾可以免費收聽我的節目，而贈品就是吸引他們訂閱電子報的誘餌磁鐵。這是一種基於互惠性的免費交易（我用了兩集節目談論誘餌磁鐵的力量，各位可以在本章最後找到這兩集的相關資訊）。

其他免費的禮物還包括：

- 優惠或折扣（人們會透過跟你買東西並且買多一點「回饋」你）
- 完善的滿意保證制度
- 免費試用期間
- YouTube 影片
- 與創辦人或專家進行討論
- 在社群媒體上互動並「現身」
- 回覆 email 時，超越顧客的期待
- 釋出友善的態度，促進美好的體驗

技巧二：由小而大

我高中的時候，唱詩班為了到處參加比賽，經常要募款。我們通常會以無聲競標拍賣的方式進行募款，所有學生都被要求拜訪當地的企業，懇請企業捐贈。

我在毫無準備的狀態下走進企業，然後說：「您好，我是梅莉娜，請問您願不願提供一點東西讓我們在競標會上拍賣？」這時候我通常會碰釘子。我們這群孩子得到的回覆常常是：「我要問一下經理，如果經理有興趣，我們再回電給妳。」然後，等待一通永遠不會響起的電話。

最好的策略是拿著拍賣會的宣傳單去拜訪公司。然後問：「請問能否將這張宣傳單張貼在您們的窗戶上，以支持我們學校的活動？」

這個要求簡單多了，很容易令人點頭。這個技巧是當下不提出其他要求。耐心是互惠的美德。

這個方法稱為**承諾升級**。[156]點頭答應一件小事，代表這個人已經跟我們變成同夥。當他們每天看到這張宣傳單，就會記住我們，然後他們的大腦會開始認為自己是「會支持學校唱詩班的人」。當我隔一周再去拜訪並請他們捐東西時，他們捐贈物品的機率就會變高。

犧牲打策略：得寸進尺法

我找相館拍大頭照的時候，很多店家在拍之前，都會推銷服務內容豐富的方案。當然，他們拍出來的照片有些真的很漂亮，但如果我不喜歡自己的照片呢？我害怕花幾千塊換來一些永遠都用不上的照片，這實在很令我猶豫。直到後來我遇到了珍妮佛。

她給我的方案是，先支付小筆的費用保留時段，費用包含妝髮造型。當天也會拍全身照，這部分不必再額外付費。等照片洗出來後，如果有喜歡的，可以選購幾張。

她相當清楚很少人會討厭自己的照片，最難的地方是讓拍照的人在攝影棚也能感到自在。我，當然愛死我的照片了，而且買了不少張，後來這些照片被大家稱讚到不行。157

讓一個人先答應一次（一件小事），可以增加他們再說好的機會。擬定具策略性的「入口點頭」很重要。讓別人答應一件與真正要求完全不相關的小事，成功的機率則比較低，所以，預先想好怎麼做，才能避免錯失機會。

技巧三：由大而小

雖然基本上這與上一個技巧恰好相反，但這不表示彼此的作用會互相抵銷。它們其實是同一種互惠性的兩面。技巧三的基礎建立在稍早提過的兩個概念上：**錨定效應**和**相對性**。

若要採取這個方法，你得先提出一個大的、甚至有點荒謬或不合理的請求，讓你**真正的**要求感覺比較合理和吸引人。讓我們來看看以下的研究：158

• 第一組：直接提出主要的請求。
• 第二組：先提出誇張、極度不合理的要求，被拒絕後，再提出真正的要求。
• 第三組：同時提出兩個選項讓別人選擇。

以下是與第二組進行的對話（「由大到小」例子）：

「我們正在徵求大學生到縣立青少年觀護所擔任志工輔導員。這個職位必須每周到觀護所兩個小時，至少兩年。你會透過大哥哥大姐姐輔導專案，與觀護所的一名青少年配對。請問你有興趣擔任這個工作嗎？」

他們絕對會說「沒興趣」（每個人都拒絕了這個選擇），研究人員再問：「我們也在徵求大學生陪同一群青少年從縣立青少年觀護所到動物園參觀。這是志工性質的工作，沒有薪水，大概要請你在下午或傍晚撥空兩小時。請問你有興趣擔任這個工作嗎？」

若有受試者答應，研究人員就會記下他們的名字和電話，以便有需要時能通知他們。

你猜結果如何？

第一組（只提出小要求的組別）有百分之十七的人願意陪同青少年到動物園（這個數字其實有點嚇到我，且也顯示出提出要求的影響力，不過這主題可以另闢一章來討論）。

第三組好一點，百分之二十五的人願意陪同青少年到動物園參觀。

那第二組呢？先對他們提出誇張的兩年要求，結果有**半數**的人有意願參與陪同的行程！哇塞！而且，請記住，這三個情境的行程完全一樣。對他們來說，都是很大的要求。你能想像在路上遇到一個陌生人跟你說：「你好，我在為一群本地觀護所的青少年規畫動物園之旅，我需要志工陪同他們參觀動物園，時間是兩小時。請問你有興趣管管這群屁孩嗎？」

我覺得大部分的人都會「堅決拒絕」這個請求（這也顯示出**框架**和**促發效應**的好處）。

提出一項**更**極端的要求，然後讓別人接受另一項其實也很為難的請求，聽起來有點不可思議，但確實能成功。而且，運用這項技巧時，很重要的一點是由同一個人接續提出兩次要求（在由小而大的技巧中，是不是由同一個人詢問則比較沒差）。

這項技巧也可以在談判時發揮作用。你可能沒察覺到，但其實你在職場上也不斷在談判，像是請求預算、要求招募新人，或說服別人以落實你的想法。

進入談判時，先提出一個極端的要求，讓你可以退一步，使真正的要求顯得合理許多。但如果第一個要求過度荒謬，則會損害自己的名譽，務必謹慎運用。一切都要靠技巧。

另外，提到在談判中的互惠性，我超級愛 Podcast 節目《一切都可談判》主持人奎姆．克里斯蒂安的一個用語：富同理的好奇心。對他人保持好奇，並且同理他人的觀點，這是你能給對方的禮物，並讓他們更願意回饋你（或許是更愉快的談判過程）。

禮物小提醒

採取互惠行為最重要的原則就是，不能只以「別人跟你買東西」當作唯一的動機。人們比你想像的還精明，可以看穿露骨的互惠意圖，而自私的「假」互惠行為通常比什麼都不做更糟。

問問你自己：「如果他們什麼都不買，我仍會替他們感到開心嗎？」

《機智事業》最重要的目的就是，與更多人分享行為經濟學的有趣世界。讓人們學習新觀點和新知識，為他們帶來業績上的成長，或改善與顧客和同事間的溝通，這令我非常開心！很多人在社群媒體上標註我，與我分享他們的經驗（我很喜歡這樣的互動）。我相信很多人都有所收穫，只是沒讓我知道，這也沒關係。我還是很替他們高興，並且會在遠方祝賀。

真正的禮物是不求回報的，即使你明白禮物會促發互惠性。

互惠性應用

記住：送禮會讓人想要以同樣的方式對待你，而且回禮的價值通常會高於他們收到的禮物。

實際運用：對個人和品牌而言，我最推薦的互惠性運用方式，就是在社群媒體上極盡大方地互動。

我們都希望提高貼文的互動率（不論是個人帳號還是粉絲專頁帳號），但你有經常主動在別人貼文底下留言或分享他人貼文嗎？我聽說每觸及一百人，就有十個人會按「讚」但只有一個人會留言。因此，人們會更容易記住真心留言的人（這就是你登場的時候啦），並且覺得自己也應該做出回饋。

列出一些你想要有所互動的人、品牌或帳號，大方地將他們的貼文分享在社群媒體中。對他們的貼文按讚並留言；把他們的投稿分享在你的動態，並且標註他們；在他們的貼文中留言並標注其他人，介紹潛在顧客給他們。

記住，互惠性是長期策略，所以請至少持續六個月，每周（最好是每天）展現一種互惠行為。事後可以來檢驗成效。

更多互惠性

你可以在下列幾章看到框架效應：訂價的真相（二十二）、一連串的小步驟（二十四）、你在想什麼問題？（二十六）、新鮮感和故事的力量（二十七）

我在以下幾集《機智事業》中，一集詳細介紹互惠性概念、兩集討論威力強大的誘餌磁鐵，另一集則專訪奎姆．克里斯蒂安，請收聽這四集節目，了解如何運用互惠性。

- **（第三集）誘餌磁鐵有用嗎？你是否也需要？**簡單回答：是。收聽節目了解「為什麼」，以及如何運用互惠性製造，並讓誘餌磁鐵更完美。

- **（第二十三集）互惠性：以少取多。**本集節目都在討論互惠性，詳細介紹書裡提到的研究，以及更多值得學習的例子。
- **（第一〇三集）如何重新設定和更新誘餌磁鐵、贈品，及選擇性訂閱電子報。**新冠肺炎讓很多企業必須重新調整誘餌磁鐵（和企業模式）。本集節目介紹了框架，讓企業製造能在艱困時刻（及未來）引發共鳴的誘餌磁鐵。
- **（第一〇七集）奎姆．克里斯蒂安教你如何和人談論種族、不公平等難度議題。**由律師和談判專家奎姆．克里斯蒂安分享完整的「富同理的好奇心」觀點和更多見解。

第三部

如何運用這些概念

第二十一章
行為塑造

現在你已經了解了一些行為經濟學的主要概念，接著該來學習如何整合並應用這些概念。但該從哪裡開始？

請想像一下學習烘焙的過程。烘焙的基本材料有糖、奶油、雞蛋、麵粉，可以用各種方式融合在一起，做出各式各樣的糕點。首先，照著食譜動手前，你必須知道每一種材料的作用，並在稍微熟悉之後，就能開始發揮創意，做出自己的味道。當你越來越厲害，就能自由改變基本配方、嘗試新食材、比例以及香料。

然而，無論技巧變得多純熟，只要你不知道自己要做餅乾、蛋糕、麵包還是派，結果就可能一團糟。

就像烘焙高手一樣，這本書教了你一些基本的材料（概念）和作用。這部分的章節將告訴你如何結合這些核心概念，來創造出各種結果。[159]只要你看過這些例子並嘗試以自己的方式結合、應用，就能研發出最適合品牌的食譜，改變消費者的行為。

最常見的錯誤

「我需要一本指導手冊。」

在行銷部門工作的人，聽到這句話或許不會太驚訝，我們公司的同事也不例外。唯一的不同是我如何回覆這類要求。我不會把這句話當成真正的要求，然後讓我的團隊生出任何公司想要的手冊，我會進一步問：「再說仔細一點。你什麼時候會用到這本冊子？你的目的是什麼？」

多年來，我發現當人們需要行銷支援，就會使用「手冊」這個籠統的詞。他們很熟悉這詞彙，而且這對行銷人員來說是極為具體的東西，但提出要求的人其實想要的是獲得協助。他們在應用行為經濟學概念的過程中發現了落差。他們的工作是讓我注意到這些問題，而我現在注意到了。我的工作則是了解他們的問題並提供解決方法。

我從不會給他們「手冊」，而且沒人曾經因為沒拿到三折的冊子而失望。

我要特別指出，我在回覆中所使用的**框架**，跟整個應用過程中的其他要素一樣重要。如果每每有人來找我說：「我需要一本手冊。」我就說：「不，你不需要那個。換這個試試。」我就會被很多用都沒用到的行銷文宣砸臉。

保持好奇心並提出對的問題，能引起潛意識腦的興趣，在了解狀況的同時，也讓別人產生自我價值感和參與感。多花一點時間了解問題，就能改變一切。

- 來尋求協助的部門，得到真正能解決問題的東西。
- 其部門裡的某些成員支持我提供的方法，增加了成功的機會。
- 我的團隊不用浪費時間製作無法提供部門員工實質幫助的東西。

即使有人向你要一項很明確東西，或者你很**清楚**問題的根源在哪裡，多一點深思熟慮總是有好處的。

> 大部分企業應用行為經濟學時，最常在步驟一犯下大錯。為錯的問題找到答案太簡單了。投入更多時間了解問題，才能用正確的干預去適當地助推行為。

請回想第一部分的內容。偏誤的大腦會使我們相信自己是對的。我們也相信，如果有人要求一個明確的東西，他們一定是做過充分的調查，才知道這就是他們要的東西，然後開口跟別人要（但這未必是事實）。

我的客戶經常問我：「對我們的公司來說，架構產品選項的最佳方法是什麼？」跟我回答冊子的問題「再說仔細一點」一樣，我會說：「不一定。你希望消費者做什麼？」

正如我們在第二部學過的，選擇是相對的，而且重度依賴脈絡。沒有最佳的**設計**。沒有任何單一、完美的行為經濟學概念，可以適用所有情況。行為經濟學是富含藝術的科學（我熱愛這部分），很多企業應用行為經濟學概念時之所以常犯某些錯誤，根本原因也在此。

如果你在封閉的環境中思考問題，或者假設你看到的問題是唯一的真正問題，到最後，你很可能會淪於為錯的問題找對的答案。

即使擁有世界上最棒的手冊，遇到更深入且不相關的問題也沒轍。與大腦合作會更容易了解、解決事業上的問題。我用這些方法幫助客戶提升轉換率、漲價、助推消費者選擇產品等等。但如果你不願意花時間了解目的在哪裡，你就會白忙一場。

> 正確應用行為經濟學，讓你在別人都白忙的時候能正中紅心。

改變好難

「人們不喜歡改變，而且也很難讓他們做任何改變。」這個信條已經根深柢固植入我們腦中，但你同意這句話嗎？事實上，很多人都同意。

情況確實如此，但未必是你想的那樣。

設想你的任務是讓地球上每個人丟垃圾時都會好好分類。你期待（或害怕）這個任務嗎？畢竟，幾十年來，我們都一直鼓勵大眾「減量、重複使用、回收使用」，並且讓大眾知道亂丟垃圾會危害地球，然而，因為要很久才看得到成效，因此人們很容易就忽視它並且毫無改變。

如果我跟你說，你必須在電影院進行測試呢？

為免你沒去過電影院（或者忘了電影院長怎樣），讓我來提醒你，它是一個就算環保意識相當高的人進到裡面，看完電影後也會覺得自己有權利亂丟爆米花盒、空杯子及其他垃圾的地方。

現在，你覺得這項任務會進行得怎樣？不可能達成？注定失敗？

這不是一個假設性的例子。以下我要來介紹 The Littery。[160] 這家公司很厲害，他們採用行為經濟學與大腦合作的方式，讓人們願意把垃圾丟進垃圾桶（且正確分類）。他們是怎麼做到的？

答案就在公司的名字裡：把垃圾變成樂透彩券。

今天，當你走在街上，看到一張口香糖紙或空瓶，你會心想：「真噁心。怎麼有人這麼沒公德心！」然後繼續走你的路。如果路邊的這些東西是彩券而不是口香糖紙呢？你會不會更願意撿起來？

你當然會！大腦天生就會期待結果（**樂觀偏誤**），並且擔心如果沒撿起來，萬一這張彩券中獎了怎麼辦（損失趨避）。[161]

這就是為什麼 The Littery 公司製造了智慧垃圾桶，這個垃圾桶會告訴大家是否有正確分類。分對就能拿到一張彩券；分錯（比如把紙放到垃圾桶而不是回收桶），就會拿到一張通知，告訴你下次該怎麼做。

你可能已經猜到他們在電影院進行了概念驗證，地點在瑞典的四家電影院，為期超過三十天。結果所有人都乖乖丟垃圾，人們甚至在走廊上到處收集垃圾來丟（找不到任何垃圾讓他們相當失望），而且女性還會翻遍她們的皮包，找找有沒有衛生紙和便條紙可以丟。

頭獎是五千歐元，其他獎項則是免費電影票。很難想像，單是丟個垃圾就有機會贏得州立或全國性樂透的百萬大獎。

所以現在，只要在街上看到口香糖紙或空瓶，人們就會想撿起來並開心地丟掉。

從這個例子可以學到，改變不會很難。

改變潛意識演化好幾世代而來的自然規則很難。但是了解這些規則並配合這些習慣，可以輕易地改變看似難以改變的行為，例如讓大家好好分類垃圾。

我很喜歡 The Littery 公司的例子，因為它證明了，若企業在尋求解決方法前，願意多花時間正確掌握問題，就能完成了不起的任務。你和你的公司也做得到，而本書會幫助你完成這趟旅程。而且第一個步驟雖然看起來似乎不重要，但卻是成功最重要的關鍵。因此，請準備好與大腦度過寶貴的時光，仔細思考問題！

本書這部分的用意，是協助大家一次解決一個問題，並不斷提醒大家這一點。你也可以把這部分當作參考資料持續翻閱。

開始應用行為經濟學

學習宗旨：花大量時間思考並重新框架問題，找出對自己有利的行為經濟學概念，輕鬆改變他人的行為。

實際運用：選一個想在第三部分運用的特定服務或產品。把它寫在這裡：

當然，你可以在進行的過程中改變標的，並不斷練習這些步驟（但願）！不過，把一件事寫下來，告訴大腦這很重要，有助於繼續閱讀的同時，還能牢牢記住這件事。

概念：框架效應（五）、羊群效應（十一）、習慣（十九）、互惠性（二十）

收聽以下這集《機智事業》，詳細了解這個程序：

- **（第一二六集）應用行為經濟學時最重要的步驟：掌握問題。**

第二十二章 訂價的真相

我最常協助顧客處理的問題之一就是價格策略。多年來，我發現所有人都相當苦惱這個問題，從個人企業家到國際化企業、從新創到知名公司都是如此。大家遇到訂價都一個頭兩個大。擬定價格時，最糟的就是因不確定性而造成的缺乏信心。就像狗可以嗅到恐懼一樣，[162]你的潛在客戶和顧客也可以嗅出你缺乏信心，而這會影響整個購買體驗。

幸好，行為經濟學可以增加訂價的信心並提升銷售量。以下，讓我們透過故事來一窺訂價的真相。

情境一：想像你跟好朋友在逛街。你們有一段時間沒碰面，所以聊得很開心，彼此分享這幾個月以來發生的事。突然間，一陣香氣撲鼻而來，那是糖、奶油、巧克力，還帶有一點鹹鹹的味道，有人在烤美味的餅乾！

你的鼻子開始搜尋香味的來源（記住，期待會促使**多巴胺**分泌），雖然你還是有在聽朋友說話，但你們早就都心不在焉了。

基本上，你們現在就像卡通人物一樣，被味道牽著走。

最後，當你找到了這家店並且看到排隊人潮後，你心想：「他們家的餅乾一定很好吃！」然後情不自禁地走進去。店員請你試吃，並且說今天有限定優惠，買三送一。早在你察覺之前，你和朋友都已經走出那家店，嘴裡吃著餅乾，手裡還提著一包餅乾。

情境二：你和同一個朋友走在街上，一樣聊得很開心，突然一個人不知從哪裡冒出來，直接朝你塞來一張傳單，然後說：「只限今天！買四塊餅乾，只要付三塊的錢！我這裡還有提供試吃！」說完又朝你遞上了盤子。

呃。

這傢伙也太粗魯了吧？你和你朋友生氣地拒絕試吃，然後開啟了史上最糟的銷售體驗。在你抵達這家麵包店和聞到餅乾的味道之前，你早就被惹怒並拿出手機，到 Yelp 對他們的銷售方式留下負評，發誓你絕對不會買他們的餅乾（而且還會同情那些品味差、正在排隊的笨蛋）。

同一家店，一樣的餅乾，體驗卻是天差地別。

而且，你有發現兩種情境中發生的事都一樣嗎（只不過順序相反）？

在這些情境中，有幾個概念共同打造了「無關餅乾」框架：

- 促發效應（餅乾散發出來的香味）

- 羊群效應／社會證明（排隊人潮、評價）
- 損失趨避／覺知擁有感（來自試吃、香氣及稀有性）
- 互惠性（免費試吃）
- 框架效應（「買三送一」和「買四塊餅乾，只要付三塊的錢」）
- 稀有性（只限今天！）

促發效應（餅乾散發出來的香味）

餅乾的香氣讓潛意識的「購物」腦感到興奮，然後讓你想要買些甜點。早在抵達店家門口前，你就在心裡懇求他們賣你餅乾。接著，店家請你試吃，然後你發現還有折扣！你心想：「他們人也太好了吧！折扣很有誠意，而且只限今天。」意識腦的理智迅速屈服於潛意識的意志。

這告訴了我們訂價的真相：無關價格。

所有發生在價格（脈絡）**之前**的體驗都比價格本身重要多了。在第一個例子中，你被促發了，而且即使還不知道價錢，你早就決定要買餅乾。同樣的，在第二個情境中受促發後，無論多便宜，你都不想買餅乾。第一個情境的餅乾可能是一塊三美金，第二個可能只要五十五美分，但這都不重要。

訂價的真相

一切都與價格無關。所有發生在價格（脈絡）之前的體驗都比價格本身重要多了。

哪一種體驗比較接近你給客戶的？你是不是在街上突襲他們，然後直接把傳單塞到他們面前？還是用無法抗拒的濃郁巧克力餅乾香氣來吸引他們？

你可能會在心裡想：「可是梅莉娜！我賣的是服務，我沒有誘人的豪華點心可以吸引過路客！」或者：「我的客人都是透過網路搜尋到我！根本不用考慮什麼香氣，所以這個方法行不通。」

這是傾向**現狀偏誤**的大腦誘導你的方式，而我要在這裡對這樣的反駁表示：「門都沒有。」

請記住，促發效應不只是氣味。強而有力的影像、有趣的用語、影片、表情符號，統統都可以促發潛在客戶，讓他們採取行動。

Netflix 透過廣泛的測試發現，用對影像讓觀眾點選片名（並持續觀看）的機率增加了百分之三十。[163]

這就是促發的力量。若用在訂價上，錯誤的促發會使消費者低估你的東西，因而收起錢包。懇求消費者購買或說之以理是行不通的，記住餅乾宣傳單的例子。在那個情境中，你激怒了客人，讓他們與你老死不相往來。這也是為什麼你不能一下子就提到價格。如果你用價格當開端，然後解釋一堆，告訴客人這是好的投資（或為什麼客人會喜歡這個產品，或這個東西多有價值），客人也只會轉頭就走，就像那個在大街上發試吃品的可憐傢伙。

你需要有一個產品，讓理想顧客難以抗拒。客戶在乎的是什麼？什麼產品可以引發潛意識腦的興趣，讓客人主動上門並且向你購買。

羊群效應和社會證明

一旦透過促發激起了顧客的興趣，讓他們知道其他人也都選擇了你，這點非常重要。在餅乾的例子中，麵包店排隊人潮（還有客人在 Yelp 上的負評）代表的意義就是這個。在其他體驗中，有可能是社群媒體的追蹤人數、星級評分或見證分享。這個步驟會讓潛在顧客覺得選擇你是對的，所以務必經常使用。找出可以在整個購物體驗中加入社會證明的機會，維持顧客的信任和認同。

互惠性和損失趨避

大腦能迅速產生擁有感。讓消費者預見他們在得到你的產品或服務後的樣子，對於引發損失趨避非常重要。麵包的免費試吃（禮物）讓消費者產生這兩種感覺。觀察人們在什麼時候會產生想購買的心情，然後給他們微體驗（免費下載、影片、動人的故事），可以大幅提升購物體驗。

稀有性

現在客人體驗了擁有感，在損失趨避之上，再加入「只限今天」的優惠，能**助推**他們買單。你還可以掛上滴答響的時鐘，或加入「其他二十人也在瀏覽此頁」，或者「只剩五個」等訊息，來製造**時間壓力**。這也能增加社會證明，強化消費者購買的決心。

框架效應

你陳述價錢的方式會影響消費者的感受，以及他們是否採取行動。在餅乾銷售的正面感受情境中，其廣告詞「買三送一」，比負面感受情境中冗長的「買四塊餅乾，只要付三塊的錢」更有押韻感。大腦相信有押韻的東西比較值得信賴，[164]而且也相信溝通方式越簡潔的人越有知識。試試各種廣告詞和價格，找出哪種框架比較能促發消費者，促使他們產生購買欲。

更多有關訂價的知識

就像我在本章一開頭就提到的，我做了很多與訂價相關的功課。《機智事業》有多集談到漲價技巧、折扣的真諦和方式，以及如何選擇價格尾數，我也在德州農工大學有一門相關主題的線上推廣教育課程。為了保持本書一貫的簡潔扼要，我整理了以下幾個我最常收到的訂價問題：

價格尾數落在五、七、九或〇有差嗎？

就像各位知道的，其他發生在價格周邊的體驗，都比價格本身更重要。然而，我還是常常被問到這個問題，所以在我們繼續下一個主題之前，我想先說明這部分。一般而言，價格的尾數不會造成太大的差別。**最主要的決定是**你的產品是不是奢侈品或禮品（一瓶酒、高檔手錶），人們會更喜歡花整數的價格來購買這類產品，[165]舉例來說九十美金。例如，相較於工作用或學校作業用的相機，人們會願意付更多錢購買一台渡假用相機（奢侈品）。相同的相機，但**脈絡**決定了價值。[166]

如果希望營造平價或划算的形象，價格就不應該是整數。只要決定走平價路線，那八十九塊、八十七塊或八十五塊其實都沒差。你看得順眼就好。

不要道歉

促發效應能載舟亦能覆舟。自信是一種促發物，缺乏自信會對購買行為造成負面影響。我看過人們犯的最大錯誤之一，就是為價格道歉或解釋一堆。這麼做永遠行不通。

人們最常在漲價的時候犯這個錯誤。他們常常會說：「親愛的客戶您好，睽違五年之後，我們不得不調漲價格，造成您的不便深感抱歉。由於長期吸收成本導致本公司負擔沉重，因而……」

別再說了。道歉和解釋都是**說給自己聽的**，不是顧客。

價格是企業訂的，而消費者對漲價的接受度或許超過你的想像。記住，你不可能滿足所有人。有些人買不起你的東西，沒關係。對自己的產品有信心一點。當你可以清楚向消費者展現產品的價值，就沒什麼好道歉的。

折扣小提醒

折扣用得聰明（比如引發**稀有性**），可以提升銷售。然而，我看過太多人和太多企業只是因為對價格沒信心（請看上一部分），就把折扣當保命符。如果給折扣只是為了讓自己能自在地說出價格，而不是提供消費者難得的購買機會，那就沒用。

我建議你可以練習說出完整的價格，直到你說價格時就好像在跟別人報天氣或時間。消費者買不起或划不划算，不是你的責任。請假設每個人都買得起，然後笑著說出價格。

再回到我在航空公司客服中心工作的時候，公司訓練我們無論如何都要這樣報價：「從西雅圖飛往波特蘭的這段航班票價為兩千八百七十五·四二美金。請問您現在要繼續購買嗎？」並露出微笑等待回覆，即使顧客看不到我。

上一個航班的票價或許是兩百五十美金，但我的工作並不是替旅客決定什麼事情重要。他們訂機票可能是為了出差、同事也搭同一班飛機，或者要去見重要的客戶。你會非常訝異很多人會回我：「好的，麻煩妳了，這是我的信用卡號碼。」

回答「哇！好貴！有其他班次嗎？」的人，清楚地告訴我他們最在意的是價格，所以我就可以從這個價位開始提供他們其他班次（另外，在下一部分會看到，這麼做能加入**錨定標準**和**相對性**，讓新價格看起來更物美價廉）。

如果你只是把折扣當保命符，是時候改掉這個習慣了。下次報價時，搭配行動說出價格，然後等待回答，別在客人說話前開口。你會嚇到，有很多人會說出：「沒問題，我們繼續！」（且研究顯示，人們付越多錢就覺得東西越有價值，所以這也是成功的策略。）[167]

試試這個心理技巧

如果你在掙扎要不要漲價，我有一個簡單且能顛覆規則的技巧。

想像你在賣瓶裝水，目前的售價是每瓶八美元，而你必須調漲到十二美元。如此大的漲幅可能會令你心理上覺得過意不去（也就是說，讓你覺得必須道歉或者主動提供打折）。

退一步思考，問自己以下的問題：：「如果明天賣的價格是今天的十倍呢？」這個問題製造了八十美元這個全新的、**更高的心理錨定標準**。你會怎麼合理化這個價格或增加瓶裝水的價值？為瓶身改頭換面或者請名人業配（**社會證明**）？既然你都可以替八十美元的價格找到理由，那十二美元更是沒什麼。

應用訂價

學習宗旨：訂價無關價格，其他因素遠比價格本身重要。

實際運用：從你上一章列出的品牌、產品或服務中，蒐集與訂價策略相關的詳細內容。顧客看到價格前，經歷怎麼樣的購物體驗？思考**選擇的吊詭**中提到的「小步驟」方法（之後很快會再談到這個概念），並認真思考每一個時刻。在這裡寫下幾個價格體驗：

你（可以）怎麼**促發**消費者採取購買行動（什麼是你的「餅乾香氣」）？

你（可以）在哪裡使用**社會證明**來刺激**羊群效應**？

你（可以）在你哪裡引發**損失趨避**？

你（可以）提供什麼東西，引發消費者的**互惠性**？

你怎麼**框架**銷售用語？需要改變嗎？

你是否有使用**稀有性**？哪裡／什麼時候可以使用？

概念：框架效應（五）、促發效應（六）、錨定與調整法則（七）、相對性（八）、損失趨避（九）、稀缺性（十）、羊群效應（十一）、社會證明（十二）、時間壓力（十四）、驚喜與感動（十七）、互惠性（二十）、現狀偏誤和預期。

收聽以下幾集《機智事業》，了解更多訂價相關內容：

- **（第五集）訂價的真相。**
- **（第七集）價值是什麼？**
- **（第六十六集）基本的訂價自信。**
- **（第七十七集）如何幫產品漲價。**

第二十三章

如何賣出更多對的商品

就像一位傑出的律師可以為一件事的正、反兩方辯護，了解並且正確應用行為經濟學，可以幫你提升任何東西的銷量。從〈**推力**〉一章中我們已經知道，選擇是相對的。脈絡和**框架**（東西呈現的方式）會改變人們對於最佳選擇的認知。

因此，當顧客跑來跟我說：「我們本來非常**有信心** X 產品會大賣，但竟然賣這麼差！」或者「就算我們想推 Y，大家還是買 Z！」抑或「我們的客戶不會想用這樣的方式預約／合作。」我便會深入進行了解。

通常，我發現企業都不經意地讓客人遠離他們真正想銷出去的產品。只要運用一點小小的行為干預，原本賣不出去的東西就會變熱銷。

舉個例子來講，我有一位客戶叫做瑪麗爾。她開了一家珠寶飾品店叫做 Agave in Bloom，我在《機智事業》第十集中有討論到這個事例。

她來找我的時候，最主要的問題是，雖然店裡有客人可能會更喜歡的精美高價飾品，但她們還是永遠只買最便宜的（但品質還是比一般的穿耳洞專門店好）。

我們在開會討論策略時，我發現，只要有人打電話來問價錢，瑪麗爾就會說：「黃金飾品的價格從七十美金起跳。」接著，她就拿著話筒等客人說：「好，謝謝。」然後掛上電話，祈禱客人會來店裡逛逛（記得我讀高中時，曾為唱詩班徵募無聲競標拍賣會的物品嗎？與這個經驗類似，這個方法的轉換率效果不彰，因此我們要繼續討論）。

事情是這樣的，她店裡最貴的飾品售價高達八百美金，所以她決定主打「低價位」的產品，這也是大部分人常犯的錯。人們覺得應該從低價位開始介紹，但這樣反而適得其反。

跟客人說耳環「從七十美金起跳」，會讓這個價格變成了**錨定**。並且，即使價格是從七十塊**起跳**，大腦迅速思考後，就會把該價位變成預算。現在，客人走進店裡後，便會覺得不想花超過這個價錢。或許他們只會帶八十或一百美金在身上。客人此時此刻的心態是，不想在這裡花超過七十塊美金，導致整個買賣注定失敗。

客人的預算可能不只如此，而且他們可能會更喜歡比較貴的產品，但既然你不經意設下這麼低的標準，就很難讓他們入手高單價的東西。

因此，我建議瑪麗爾這麼回答：「我們店裡最貴的耳環大概是八百美金，但我們的價位很廣，可以滿足所有客人的預算。客人在我們店裡的平均消費是兩百五十美金，但還有很多其他不到一百美金的飾品。請問您想要什麼時候來逛逛呢？」

這樣帶來了什麼改變？這個客人會準備在店裡花更多錢，而且看到七十美金的耳環時會非常開心，覺得怎麼那麼便宜！他們可能會看上這個價位的東西，但也可能看上九十九美元、一百五十美元的東西。

他們不會被大腦無聊的經驗法則限制住，而店家可以從這些更有利潤的商品中獲利，創造雙贏的局面。

這個例子以八百美金作為更高的錨定標準，讓其他產品看起來相對便宜（**相對性**）。

丟出誘餌

我給瑪麗爾的另一個建議（我也為各種規模和領域的客戶提供類似的建議）是，提供誘餌組合。

擺出「誘餌」不一定是壞事，應該說，它只是超出了絕大多數人的渴望和需求。**你會很開心有客人跟你買這個東西，但大多數的人不會買**。你可以在上面的例子中看到這個策略（從八百美金開始往下喊價），而這個策略有數不盡的運用方式。

這就是為什麼餐廳會主打特別昂貴的餐點、酒，以及電器行會把五千美金的電視擺在櫥窗前。雖然店家會很高興有人買下這些東西，但這不是他們的主要目的。這是一個擺在那邊的高錨定標準，企圖讓大腦考慮買店裡的其他產品。

以下是為你的企業可以設定誘餌的步驟：

一、凸顯你真正想賣的產品，這必須是你的超值方案。

二、想定另一個更奢華的版本，但功能優勢差不多。

三、考慮加入另一個完全不同的方案，讓客人覺得自己做過充分的功課。

以瑪麗爾的例子來講，「最佳報價方案」就是客人來打耳洞，然後可以選擇一個比較中價位的耳環（假設整個方案是一百五十至兩百五十美金）。以上，看過了我們設定八百美金的高標作為錨定標準，接下來可以想另一個更具普遍吸引力的選項。

瑪麗爾的客戶中，常常可以看到媽媽帶著女兒第一次來穿耳洞。

大部分人都記得這樣的成年禮，在心情上充滿**期待**，既興奮又害怕。搭車到購物中心，坐在椅子上穿耳洞的時候，希望不會遇見有認識的人走過去剛好看到自己在哭，但同時又想炫耀一番。然後或許穿好耳洞後，你媽帶你去吃個冰淇淋，讓你覺得自己變大人了。

我的建議是，為何不把穿耳洞的經驗變成真正的**體驗**？

建議可以提供「公主方案」，讓媽媽帶女兒來穿洞，然後用客製化的標牌寫上「恭喜妳，蘇菲！」再準備一些簡單的點心和汽水，加上一隻讓蘇菲可以在穿耳洞時抓著的填充動物玩偶（並且讓她可以帶走），然後再贈送一張對面冰淇淋店的兌換券，以及從公主系列（都是比較高單價的）中任選一對耳環。在紅絲絨抱枕上擺上她最愛的耳環顏色、形狀或生日石，以開啟美好的體驗旅程。

你覺得一個想和女兒度過美好時光的媽媽，對充滿**驚喜和感動**的公主方案會買單嗎？如果是我就會（而且請記住**峰終定律**，這麼做會延伸整個體驗，避免讓穿耳洞充滿痛苦，並且創造美妙的記憶和「真正的結尾」）。

記住，這是誘餌方案。

就像我說的，誘餌方案夢幻到不行，並且能吸引所有人。瑪麗爾很高興，願意提供這個方案，即便並非每個人都想要這個方案。我們假設公主方案是三百九十九美金好了，對於沒有這筆預算的人來講，「一般」一百五十美金的穿耳洞方案（包括一對中高價位的耳環）聽起來就變得CP值很高，而且客人會知道這家店真的想替媽媽和女兒製造美好的回憶。

忍住想解釋一堆和提供所有選擇給顧客的衝動。記住**選擇的吊詭**，以及大腦超負荷的速度非常快。你的工作是讓客人能輕鬆挑到最適合的東西。先花時間想想整個購物體驗，然後縮小選擇範圍，讓選項更簡單、清楚。

由高入低

報價的時候，意識腦很自然的會覺得要從低價的產品開始往上報，但這樣做會讓高錨定值失效。跟客人說：「我們的標準方案有附一對耳環，價格是七十美金。加價到一百五十美金，就能升級挑選中高價位的耳環，或者我們也有三百九十九美金的公主方案。」這樣講的效果跟接下來這段話絕對不一樣：「恭喜蘇菲終於要穿第一個耳洞了！我們知道這個經驗對妳們來講非常珍貴，因此我們規畫了公主方案。方案內容包括客製化的牌子，用她最喜歡的顏色印上歡迎詞，迎接她的到來、一隻填充動物玩偶讓她可以在穿洞的過程中抱著，並且帶回家，我們也會準備汽水，以及配合她的生日石。我們挑選了紅寶石耳環。您覺得怎麼樣？」

你的工作是提供選擇（因為在這方面你是專家）、推薦產品並**助推**客人找到最適合的產品。你推薦的不一定非得是最便宜的，不要小看自己，認為便宜的東西比較好賣。

你可能會想：「這些建議都很棒，但小小的改變究竟可以帶來多大的差別？」**瑪麗爾落實了我們討論出來的建議後，Agave in Bloom 的人均消費增加超過了兩倍**。一旦了解大腦的規則，小改變確實可以帶來很大的差別。

如果客人老是選買最低價的東西

有時候，提供資訊的方式，會讓客人想跟你要求折扣，或者關注在時數上，這將讓你更難推銷方案。假設你是平面設計師，如果你跟客戶說：「我的酬勞是每小時二十五美金，你這個案子我預估費用至少要五百美金。」五百美金比起你一開始說的二十五美金相對高，所以消費者會想要求折扣來減少投資。

如果你換個說法：「我有一個五百美金的方案。根據你提供的專案資訊，我預估可以在這個預算內做完。若是超過，就會以每小時二十五美金的費用計費。」

現在，二十五美金比起五百美金相對低，而且讓客人感覺投資你很安全，因為就算多出幾個小時，每小時二十五美金也不會加太多錢。

一樣的數字，用不同的**框架**、**相對性**及**錨定**來呈現，就能夠帶來截然不同的效果。

我們來想一下每個月一千美金的顧問費方案。

這是你唯一的方案，然後你跟客戶說：「我每個月的顧問費是一千美金。你可以接受嗎？」由於沒有其他比較值可以展現這個方案的價值，所以這個說法無法刺激大腦採取行動。大腦反而會產生不確定性，令人覺得應該再多做一些功課（也就是說搜尋你的競爭對手，然後可能永遠不會回頭）。

你絕對不會希望發生這種事情，反之，你會想要製造一個誘餌。以下是我推薦過客戶的幾種選項：

- 在合約內注明包含你人到公司和主管當面會談，額外加收六千美金，若簽一年期的合約，每個月平均費用為一千五百美金。

• 如果顧客要求七十二小時內交件，那麼可比照「尊榮」顧客，在二十四小時或四十八小時內交件。

• 協助進行品牌重塑，並提供更多品牌再造元素，月顧問費兩千五百美金。

你挑中哪一個不是重點，因為每一個都能吸引客戶，你會很開心有人買單（如果你討厭東奔西跑，就別選當面會談那個方案）。

假設你挑了兩千五百美金顧問費的那個方案，就可以把說法改成：「我有幾個方案，第一個方案包含完整的品牌評估和重塑，從臉書到廣告招牌都量身訂做。這個方案的費用是每個月兩千五百美金。或者，如果你不需要廣告招牌、公車廣告或品牌重塑，我也有一千美金的方案。你覺得哪種比較符合你的需求？」

你會發現，這兩種方案各類組織都能奏效且有用。需要廣告招牌或品牌重塑的人，會選擇比較貴的方案，但一千美金的方案對大部分人而言已經夠用，他們也會感謝你提供了這樣的方案。這個方案也替你打造了專家的形象，因為你懂「大部分人」的需求，依照客人的需求提出方案，而且不會獅子大開口。太棒了！

務必注意一點，我刻意在提到價格之前，先不一一列出所有方案來刪除顧客對廣告或品牌重塑的需求。因為這樣會讓一開始設定的高錨定值失效。

套裝組合不需折扣

我在上一章已經說過，不要把折扣當成救命符，在此，我要重申一次。很多人覺得套裝組合就應該給優惠，但這並非絕對。亞馬遜上賣的很多套裝組合，都比單買更貴，而且消費者很樂意付更多錢買方便。

你也可以用無折扣的套裝組合作為高錨定值（我發誓一定有效）。

設想你有三種課程可以組合（消費者可以三堂都買）。你可以跟他們說：「我們有三種不同的課程。第一種主題課程是五百美金，第二種主題課程是六百美金，第三種主題課程是八百美金。你想從哪種課程開始上？」

這樣的說法，是在引導客人選擇五百美金的課程，因為五百美金變成了錨定值。

你反而可以這麼說：「我們有三種不同的課程，第一種主題課程是八百美金。第二種是六百美金，最後一種是五百美金。你想從哪種課程開始上？」

採取這樣的說法時，大部分人會選擇六百美金的課程（中間選項）。[168]

而如果你說：「我們有一千九百美金的超級方案，選這個方案三種課都能上到。或者，你也可以選擇**其他主題的**八百美金課程。你覺得哪種方式比較適合？」

在這樣的情況下，你很清楚地讓八百美金的課程變成最佳選擇。有些人會選三堂課都上，但大部分人會選擇這堂最貴的單一課程；而在另外兩種說法下，大家則不會挑到這堂課。套裝課程並沒有優惠，但讓消費者注意到了組合價。凸顯出這一點，可以帶來很大的差別。

你的意識腦會跟你說：沒必要大聲公告組合價，消費者會自己算，而且這樣做顯得很自以為是。但事實並非如此。記住**付錢的痛苦**，說一聲「只收您五美金費用」，而非「收您五美金費用」，可以讓人花錢花得更舒服。這聽起來很蠢，但真的有用。給懶惰的大腦一點方便，你會獲得更多。

不相干的錨定

即使你不想提供套裝或組合產品，照樣可以從這項技巧得到好處，回想一下〈**錨定與調整法則**〉一章中提到的身分證促發例子。

「我幫很多人改變了生活和事業，我提供的解決方案從五百美金起跳。」這樣的說法，效果不會比這樣說好：「我幫助過**幾千人**改變了生活和事業，我提供的解決方案從五百美金起跳。」

加入「幾千人」讓五百這個數字感覺比較小。如果想要更精確，可以說：「和我合作過的八千人都改變了生活和事業，我提供的解決方案只要從五百美金起跳。」

更大且精確的數字可以發揮更好的錨定效果，即使根本是不相干的數字（而且，這也能帶給大眾**社會認同**效應，成效加倍）。

無價：讓一切歸零的華麗詞藻

萬事達卡的廣告很令人驚豔，讓很多品牌看到了以「無價」來形容一件東西的價值。這也是說明脈絡重要性的絕佳例子。這些廣告打造了故事，用**促發效應**、**損失趨避**、**社會證明**及**框架**吸引你，最後只為了告訴觀眾，無論成本多少，整趟體驗都是值得的。

但是若你提供的是套裝組合，或者想要利用**錨定／相對性**，使用無價這個詞並無法發揮相同的作用。

就像前述士力架巧克力的例子中，「它們」就是等於「零」，「無價」也不會在大腦中建立一個價值，讓超值方案聽起來更值得買。

與其說某樣東西無價，不如採用見證式分享，例如「和梅莉娜合作讓我去年多出幾百萬美金的獲利，她真的可以幫上很大的忙！」

這麼講會比「和梅莉娜合作的經驗無價」來得好。前面那句在提出價格前，就已經透過**錨定**和**社會證明**來**促發**大腦。

你可以把商品打造成任何你期待的樣子。當你了解且可以傳達商品的價值，消費者就會願意購買你的東西。無論你提供的是產品或服務、不管你是大企業還是個人企業家，不管你賣的是漂白劑或設計師品牌包，都運用了相同的大腦概念。你只要依正確的順序、用對手段，就能引導顧客找到適合的產品（而不是不小心用一開始很吸睛、最後卻會被束之高閣的東西讓顧客分心）。

應用高錨定值

學習宗旨：找出你的超值方案，然後建立一個高錨定值誘餌，凸顯超值方案才是最佳選擇。

實際運用：如果你目前有一種以上的產品／服務，請把產品濃縮成一個最佳方案。企業可以提供多種產品，但不要在相同的顧客體驗旅程中一次列出。在下方記下幾個定價體驗的重點：

你的超值方案是什麼（你希望大部分人買的東西）？

（客人買）這個超值方案要多少錢？

這個方案有什麼特別（為什麼會有人想買）？

再豐富一點、誇張一點的版本會變怎樣？

怎樣才能運用這個誇張的版本，使超值方案顯得更吸引人？

價格多少？

你會怎麼跟潛在顧客介紹這些方案（從高錨定值開始）？

概念：框架效應（五）、促發效應（六）、錨定與調整法則（七）、相對性（八）、社會證明（十二）、推力與選擇設計（十三）、選擇的吊詭（十四）、驚喜與感動（十七）、峰終定律（十八）、互惠性（二十）、預期。

收聽以下幾集《機智事業》，了解更多相關內容：

- **（第十集）瑪麗爾·考特的線上策略會議。**
- **（第八十四集）如何組合套裝方案。**

第二十四章
一連串的小步驟

每人每天平均要做三萬五千個決定。[169]假設你每天睡八小時（我知道可能高估了），這代表你每小時要做兩千一百八十七個決定，等於每分鐘三十六個。很誇張，對吧？

難怪你的客人、同事無時無刻都在分心。我們的生活是由一連串小選擇組合而成（而且大部分是由潛意識決定）。若你想打破**習慣**循環，改變別人的行為，例如嘗試你的產品、跟你而不是你的對手買東西，或者執行一個新的程序，你得花上不少時間來突破重圍。

多年來，我擔任過許多廣告顧問。

打廣告（或網頁、臉書貼文，你想得到的都可以）最普遍的趨勢之一，就是在廣告中塞滿資訊。我最常聽到的就是：「既然都要付錢打廣告了，不如也把這些資訊放進去……」

大家應該也知道，這個做法最大的問題就是，大腦很懶惰，而且很快就**負荷過度**。如果一下子湧入太多資訊而且沒有明確的方向，你「下」的廣告就會變成一堆長灰塵的東西。

說到廣告（表格、貼文、email、網頁），少即是多。我經常建議客戶在擬定廣告前，先思考一個問題：「如果看到這則廣告的人只能做一件事，你希望他們做什麼？」

答案絕對不能是，看到廣告後來「買東西」。「收到廣告明信片」和「購買」之間存在著很多其他的步驟。每個步驟都應該明確地引導民眾至下一個步驟。既然**峰終定律**在人們回想整段體驗時扮演最重要的關鍵，那麼確保消費者能選到正確消費旅程的方式之一，就是把你與消費者之間的互動，視為一連串串連起來的時刻。以下例子是簡化後的廣告明信片體驗旅程：

一、消費者注意到廣告明信片
二、消費者閱讀廣告明信片
三、消費者翻閱廣告明信片
四、消費者對內容有興趣，沒有把廣告丟進垃圾桶
五、消費者訪問網站
六、消費者瀏覽首頁
七、消費者點選商品頁
八、消費者點選價格頁
九、消費者把商品放入購物車
十、購買

每種廣告和時刻都有特定的目的，你希望消費者可以依序進入每一個小步驟。廣告明信片的目的在於吸引消費者注意，所以內容要有趣，避免被丟掉，同時也不要太囉嗦（這樣消費者才願意繼續看完），還要讓消費者想要拜訪網站。

你可以用一張有魅力的圖就達到這個目的，但我們是否可用其他的感官來**促發**呢？在挑選廣告用紙的時候，你是否曾經摸過紙張？大部分非從事行銷行業的人或許會說沒有，但我很訝異，很多該領域的人也不太在意這一點。

線上訂單系統讓我們學會相信系統的推薦（**從眾**），但你有沒有想過紙張的選擇也會改變消費者對品牌的觀感？

為本書撰寫前言的羅傑．杜利在二〇一九年上過《機智事業》節目，並分享其著作《摩擦力》。我就算蒙著眼，也能順利從書架上挑出他的書。為什麼？因為這本書使用**粗紋路**的封面，觸感明顯，能促發讀者聯想到摩擦這個字。這個觸感與本書主題完美結合，凸顯出了這本書的存在。很明顯地，他確實仔細思考過整個消費經驗，而經驗也會替他塑造形象。這會讓讀者的大腦想：「既然他連紙都這麼講究，內容就更不用說了！」

我跟他提到這一點時，他說我是少數會問到這部分的人，但這並不代表其他讀者的潛意識腦沒有內化這個促發要因。

當信箱裡所有的廣告摸起來都一樣，你要怎麼讓自己的變特別？浮雕印刷？粗糙質感？不一樣的形狀？

特殊的廣告或許成本比較貴，但也有助於讓你的廣告更容易被注意、閱讀以及促使消費者採取行動。如果你把每個體驗點都當成進入小步驟的機會，就能優化整個體驗並獲得最大的效益。

我知道大家很容易陷入發行量的迷思，讓你覺得越多人收到越好。但我寧願寄給一千個對的人，也不要隨機寄給一百萬個不會採取行動的人，即使花費一樣。

關鍵在於吸引消費者的注意，而這並沒有你想得那麼難。

便條紙的力量

設想你在保險公司擔任會計。現在是十二月，然後你發現出了一個錯：有一百五十位保險代理人收到了兩倍的傭金，算錯的金額高達七十萬美金。

你無法靠敲幾下電腦鍵盤就解決這個問題。拿回款項的唯一解藥，就是請每位保險代理人開支票給你，有些金額高達一萬美元。你得帶領一個小團隊努力把錢討回來。你會怎麼解決這個敏感的局面？

好險，你學習過大腦的相關知識，也記得研究發現，在信上貼一張手寫的便條紙，能讓民眾完成且送回問卷調查的機率增加兩倍。[170]你拿出一疊便利貼開始動工，希望一切順利（但是多疑和理性的大腦仍然繼續思考計畫B、C、D）。

幾周後，你很訝異地發現，一百五十名保險代理人當中，竟然有一百三十人寄回支票，而且幾周後，除了三個人之外，其他人全額付清。區區一張便條紙，為什麼有如此神奇的效果？

我的朋友布萊恩．阿赫恩已取得席爾迪尼教育培訓師資格，過去幾年皆任職於保險公司，我和他討論後，認為有幾個要素在這裡發揮了作用

第一個因素是用彩色的便利貼（比直接寫在信上有用，就像區隔餅乾的彩色和白色**隔層紙**一樣）吸引了意識腦的注意。遇到這種特例的時候，讓潛意識腦知道這件事比較特別，而且值得多看一眼（閱讀的人必須在看的時候做出小決定，邁入下一個關鍵步驟）非常重要。

第二個因素就是花心思手寫。這麼做會引發**互惠性**，並且**助推**閱讀者採取你想要的行動。

研究結果公開後，那幾年有很多公司都試著獲得相同的成效，但為了省時間，卻用雷射印表機來仿造手寫效果。任何視力正常的人當然都能立刻判斷出那不是手寫字，結果可能比沒有附上紙條更慘。因為你基本上已經告訴對方，你沒有那麼在意這些事，所以他們又何必關心？

態度誠懇、落落大方

讀過前面的**驚喜與感動**、**峰終定律**及**互惠性**，你已經知道恭謙有禮的價值有多大。多用點心絕對不同凡響。面對重要課題的時候，絕對值得花時間親筆寫一張便利貼。有鑑於「貼便利貼」

是比較內斂隱喻的做法，我們還可以透過其他方式吸引他人注意並展現真誠的態度。記住別人的名字和重要細節（尤其是在沒有客戶關係管理系統的年代），已經幫過無數的業務人員締造亮眼成績。

你不可能讓人注意到每一件事，這只會削弱便利貼的效果，因此請選用適當的使用時機。假設你每年最多只能用四次。你會在什麼時候用？

善用問題的價值

我和布萊恩在節目中討論到一個有趣的技巧，可以**助推**別人回覆你的 email、社群媒體或其他溝通平台的訊息，這個方法就是結尾時，用問句取代直述句。你會發現這真的很有效。

我將以下常見的話重新框架成問句：

有問題歡迎隨時和我聯絡。	有任何問題嗎？
希望這有回答到你的問題。	有任何我能幫你回答的問題嗎？ 或 請問這樣是否有充分回答到你的問題？ 或 我有沒有漏掉什麼問題？
歡迎告訴我你方便的時間。	以下是我方便的聯絡時間。請問哪一個時間你比較方便？
看起來很有趣，我很樂意了解更多！	看起來很有趣。你最喜歡哪一部分？

用問句結尾可以促使別人採取行動，並且讓全程溝通變得更順利。沒錯，這對你有好處，而且並不自私。聽到旁人都說和你共事很輕鬆，你一定會非常驚訝。但是簡單的大腦技巧，就能創造雙贏局面。

眼見為憑

你知道兒童麥片品牌要付上架費給超商，才能擺在比較低的位子嗎？[171]除此之外，盒子上的卡通人物也會依成人（往前看）和兒童（往下看）而有不同的擺放位置。眼神接觸的作用跟便利貼很像，那會吸引住並加深消費者對品牌的忠誠度和參與度，但是能增加多少呢？根據統計，若消費者與品牌卡通人物有眼神接觸，對品牌的信任度會躍升百分之十六。

應用小步驟

學習宗旨：每件事都很重要，但不代表你必須同時擔心所有事情。保有好奇心，找機會凸顯自己，並在必要時刻引起注意。

實際運用：沒有把體驗旅程拆解成小步驟的人（或者還沒看過本書的人），或許現在已經被自己的選擇吊詭逼到崩潰。沒錯，每件事都很重要，但不代表你得時時刻刻都注意每件事。重新檢視你前幾章寫下的筆記，思考這些體驗旅程中的小步驟。

有沒有遺漏任何體驗旅程中的小步驟？

有沒有能／應該增加或刪除的步驟？

你會怎麼利用便利貼來助推行為？

你可以在哪些地方把一句話重新框架成問句？

技巧加碼：帶著好奇心觀察其他品牌的廣告元素。問自己這些問題：「什麼因素讓**我**點開連結？」「我為什麼會停下來看這則廣告？」「我為什麼會想刪掉這封 email？」或者「我懷疑他們是不是故意把這些東西放在這個架上？」思考這些問題對大腦是很好的運動。保持好奇心、觀察、思考，你會開始發現讓品牌發光的機會，並在適當的時機突破重圍。

概念：框架效應（五）、促發效應（六）、錨定與調整法則（七）、相對性（八）、羊群效應（十一）、社會證明（十二）、推力與選擇設計（十三）、選擇的吊詭（十四）、分割（十五）、驚喜與感動（十七）、峰終定律（十八）、習慣（十九）、互惠性（二十）、現狀偏誤、預期。

透過與布萊恩·阿赫恩的討論，我們得到了許多很棒的見解，我也在本章中分享了這些想法！以下這集《機智事業》有完整的對談，歡迎收聽更多有趣的內容：

- **（第一〇四集）布萊恩·阿赫恩教你如何有道德地影響別人。**

第二十五章

請問要點餐了嗎？

你覺得菜單的設計，對用餐經驗會有多大的影響？你或許會覺得影響不大，若菜單有經過合理的**選擇設計**（以易懂的方式而非照字母順序進行分類，以減少**選擇吊詭**），其他部分就沒那麼重要，對吧？

也許你還會覺得利用行為經濟學來優化菜單，最後就是應用〈訂價的真相〉一章所談到的內容，運用**錨定**和**相對性**，把最貴的酒或牛排放在第一選項，助推消費者選擇中價位選項。但真正的行為經濟學家深知，優化菜單的方式可不只這樣。

德州農工大學人類行為研究室在研究菜單的專案上取得了顯著的成果。靠著移除貨幣符號、改變排版和敘述（加入**促發效應**和**框架**技巧）及其他的干預方式，成功讓墨西拿霍夫酒莊的獲利增加了百分之十八．六。[172]價格完全沒變，單靠行為經濟學的知識來優化菜單。

1775 Texas Pit BBQ 餐廳也來尋求研究室的幫忙，希望大幅提升獲利。因為牛胸肉的進貨價格越來越高，利潤比火雞肉和香腸都來得低，但客人卻幾乎不點後面這兩樣。

研究室稍微調整菜單，包括：

- 使用比較好閱讀的字體
- 將火雞肉和香腸分別排在菜單上第一和第二項餐點的位置（引起注意）
- 在菜名（將「火雞肉」改成「慢火煙燻火雞胸肉」）和描述（「經過慢火煙燻保留更多肉汁，新鮮現切釋放所有香氣。」）中加入**促發效應**。

簡單的微調就能帶來不一樣的效果，例如讓這家餐廳的火雞肉銷量增加了百分之四百。

結果他們獲得的成效是：火雞肉的銷量立刻躍升了百分之三十，而且六個月後（即使是在新冠疫情期間）仍成長了四倍，而香腸銷量則增加了百分之五十。[173]同時，顧客試過新餐點之後，既喜歡也更開心。這樣的改變，又一次成功打造了雙贏局面！

同樣地，《漣漪》的共同作者杰茲・格魯姆和埃普麗爾・維拉科特，與我分享了Cowry Consulting顧問公司針對一家英國大型餐飲集團進行的菜單優化專案。該專案的目標是讓客單價增加四便士。[174]

第一眼看到菜單時，會覺得菜單似乎無可挑剔。有漂亮的插畫來呈現品牌、適當的留白，用分隔線區分每一類餐點。然而，透過眼動追蹤進行測試後（我們會在第二十八章中深入講解這部分），Cowry Consulting 找出了多達二十一個造成阻力的心理障礙！顧客百分之九十八的注意力最後都落在菜單邊緣，或者停滯在空白區塊，如下圖所示。

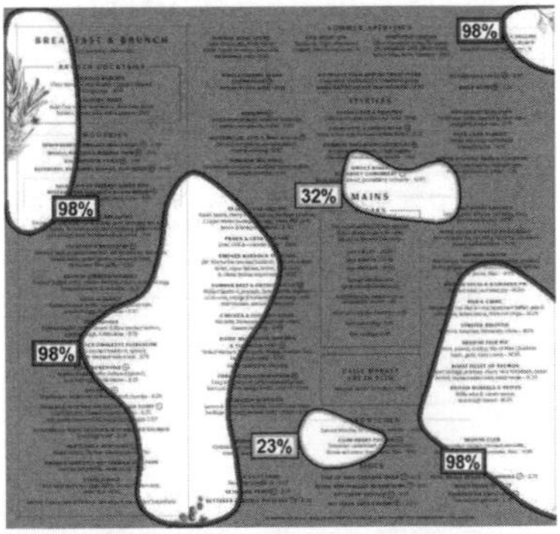

眼動追蹤清楚顯示出，消費者對於菜單感到相當困惑。

令人困惑的**爛菜單**設計，會造成不必要的焦慮和**時間壓力**，因此杰茲・格魯姆表示：「消費者最後可能會選到不太滿意的餐點，而這會影響消費者在餐廳的整體經驗。即使他們說不出來始作俑者是菜單。」

他們的調整非常細微：

- 幫插畫轉向或移動位置，讓消費者的眼睛落在最重要的部分
- 加入底色，吸引消費者注意這些餐點
- 加入漂亮的雞尾酒插畫，免除消費者的猶豫和恐懼（如果上面插滿小傘，喝起來不是很尷尬嗎？）

> 巧妙的促發圖像，例如這裡的雞尾酒插畫，會讓大腦較容易處理資訊。大腦要花四百毫秒來理解文字，卻只要十三毫秒就能看懂影像。[175]

Cowry 的成效超過目標三倍，他們讓客單價增加了十三便士。

是的，你也有自己的菜單

雖然我們舉的是餐廳的例子，但每個企業都有自己的菜單，每天向既有客戶和潛在客戶展示。

你的企業不斷在網站、社群媒體、宣傳單及其他平台上展示選項。你想像自己的事業可以增加百分之十八的獲利，或好用產品的銷量躍升百分之

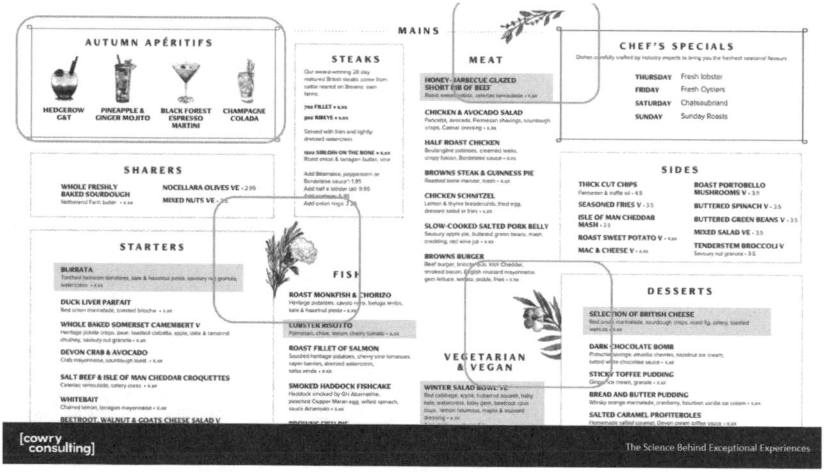

新的菜單設計，把消費者的目光吸引到正確地方。

四百（同時也為你帶來更多利潤）。

但你的網站是否有經過高度整合，就像根據行為學重新設計過的菜單？或者各式各樣的前菜、點心、飲料、主菜、副餐全部混在一起，令消費者眼花撩亂？

應用菜單心理學

學習宗旨：提供過多資訊卻沒有考慮大腦的處理流程，會影響顧客的整體體驗，即使人們無法明確說出一切肇因於「菜單」。

實際運用：思考如何整合各個小步驟中列出來的品項，如何移動才能讓整個體驗看起來更好。重新改組各要件，就像改善用餐體驗一樣：

哪個步驟應該優先（室內布置、設計）？

哪個選項最適合放在第一排（前菜）？

最重要的是哪部分（主菜）？

哪些副餐能提升用餐體驗？

怎麼用櫻桃裝飾蛋糕最上方，讓蛋糕看起來更誘人（甜點）？

哪裡是**高潮**、哪裡是**結尾**？如何優化這兩個部分？

怎麼才能讓客人不斷回訪？你要怎麼加入互惠性（結帳時送薄荷糖）？

概念：框架效應（五）、促發效應（六）、錨定與調整法則（七）、相對性（八）、推力與選擇設計（十三）、選擇的吊詭（十四）、付錢的痛苦（十六）、驚喜與感動（十七）、峰終定律（十八）、互惠性（二十）。

收聽以下幾集《機智事業》，了解更多相關內容：

- **（第三十三集）一窺德州農工大學人類行為研究室，專訪馬可．帕爾馬。**
- **（第一三一集）小小的行為改變也能帶來大效應，專訪杰茲．格魯姆與埃普麗爾．維拉科特。**

第二十六章

你在想什麼問題？

只要目的是改變行為，最常被忽略的好問題就是：「為什麼人們還不這麼做？」

——凱斯・桑思坦博士，《推出你的影響力》共同作者[176]

我在第二十一章中也稍微提到過，將行為經濟學應用在事業中時，正確了解問題極為重要。我們已經思考過整個過程：產品線、小步驟、訂價以及呈現方式。現在，該來重新檢視問題，以設計出完善的測試計畫。

大腦的**現狀偏誤**和**從眾**本能，或許會試著說服你必須堅持守住原先提出的問題。大腦死抓著這個問題不放，並且不希望你輕舉妄動以造成任何不可預測的狀況，就算你根本還沒開始有任何動作。相信我，重新檢視問題比做到一半才發現搞錯問題更輕鬆（而且成本較低）。

重新檢討問題論述或整個過程中的首要問題，是很正常的一件事。事實上，如果你**沒有**在前面的步驟中發現任何須要從頭思考的部分，那才真的令人擔心。

請記住，愛因斯坦花一小時中的五十五分鐘來了解問題，而你離五十五分鐘還有一段距離。本章將介紹幾個具有啟發性的例子，這些組織皆藉由打破人人相信的「已知」，並重新認識問題，獲得了美好的成果。

為什麼人們不繳帳單？

企業喜歡假設人們故意不繳帳單，而唯一改變人們行為的方法，就是用強硬的措辭表示威脅、懲罰及罰款。因此，我們常看到企業用懲罰（棍子）的方式來催繳債務：如果不付錢，就會被懲罰。

瑞士是歐洲國家中最多人不繳帳單的國家，這對許多企業和市民帶來了困擾。這個問題促使瑞士首要的電信供應商「瑞士電信集團」，請來經濟學家伊莉莎白・伊梅爾協助他們增加願意繳費的顧客人數，並同時提升顧客滿意度。[177]

真的有可能讓顧客更開心地付錢嗎？

對瑞士電信集團來說，有幾個「已知」有待突破：
- 瑞士人不喜歡繳帳單。
- 人們知道該付帳單，但選擇不繳。
- 威脅和懲罰是停止不良行為的最佳辦法。

伊莉莎白．伊梅爾深知在採取行動前，先掌握正確問題的重要性。她跟我說，剛開始時，她歷經了無數個失眠的夜晚，才發現真正的問題所在。輾轉難眠的成果，就是找到了兩個問題來定義與瑞士電信集團的合作專案：
- 為什麼客戶不付帳單？
- 怎麼做才能讓客戶做該做的事？

她表示：「我把該專案的成功，歸功於重點研究階段。經過研究階段，就更容易研擬新的流程。」重新設計流程時，可以將重點放在以下事項：
- 瑞士電信什麼時候與客戶聯絡？（客戶什麼時候超過**負荷**？）
- 透過什麼媒介？（**脈絡**影響甚大）
- 在各個接觸時機，能鼓勵客戶繳款的激勵要素分別為何（胡蘿蔔、棍子、混和）？（**加入**

誘因形成推力）

- email 的內容應該怎麼寫？（**促發效應、框架效應**）
- 該使用哪些文字（及數字）？（**框架效應**）

其中一個問題是，客戶沒有預期會收到瑞士電信的罰款和其他懲罰。這表示，處罰在促使客戶儘速繳款方面，並沒有發揮太大的效果（但卻會惹怒客戶）。而且，有的客戶在收到第一次通知時，帳單早就高到他們付不出來。瑞士電信必須想辦法讓客戶在**吃不消**之前就先繳款。

清楚提醒客戶他們有可能被懲罰，並告知如何免於懲處，可以讓顧客產生強烈的動機，儘快繳費。在催繳過程中，加入一些類似的胡蘿蔔（溫和的**推力**），也能讓瑞士電信展現幫助客戶的心態，而且不必提到任何新的懲處，以免傷害客戶。最後結果如何？

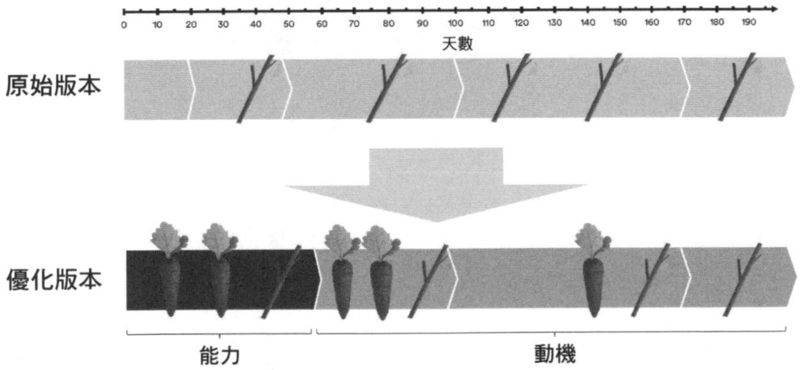

原始版本用的全是棍子，但適當的胡蘿蔔可以產生巨大的效用。

瑞士電信的客戶，繳款速度變快了，而且顧客滿意度更高！在專案執行的兩年裡，瑞士電信積極投入掌握正確問題，讓他們省下了八．八百萬美金。

線上不一定效果差

當新冠疫情限制了人們的移動，很多原本仰賴會議運作的企業，紛紛將計畫降級為虛擬體驗。但一定要降級嗎？或者這只是喜歡維持現狀的大腦所擁有的自我侷限信念？

打破自我侷限信念的最佳辦法，就是用一連串的問題突擊它：

- 誰說的？
- 我為什麼會有這種想法？
- 如果這種想法不是真的呢？
- 怎麼做才能轉換想法？
- 如果反過來做才是對的？

當其他會議活動都在「精簡」，英國的奧美行為學家採取了不同的方式來舉辦 Nudgestock 會議。二〇一九年，總共有四百名行為科學愛好者參與了會議，而奧美預期，二〇二〇年的聽眾會增加到四百五十人。

奧美團隊從不同的角度提問：「怎麼做才能建築更大的夢想，並且規畫出與實體會議不同的活動？」178

Nudgestock在二〇二〇年邀請了全球頂尖的講者，連續十五小時在全球不同的時區跨區「移動」（從印度開始，夏威夷結束），播放免費的講座。

Nudgestock擁有超過十二萬名線上觀眾。

而這些線上研討會的聽眾，都不只是默默潛水而已。活動當天，大家在Twitter上熱烈交談、交朋友。LinkedIn也成立了熱門的行為科學俱樂部，目前會員人數迅速成長至破兩千人。參與Nudgestock的活動真的太棒了，下次他們舉辦實體會議，我一定會將它列入優先出席的清單中。即使他們未來的線上活動改採付費模式，我**也**願意付費觀看。

奧美透過無限擴大夢想並且用不同的角度思考問題，成功規畫了比疫情前更棒的活動。這將他們的品牌權益推向無可限量的程度。而這一切都始於拒絕接受將老方式視為正確或最佳辦法。世界已經改變，奧美也不讓慣例阻擾他們的新創舉。

沒有數字的體重計

你能想像站在一個沒有數字的體重計上面嗎？

這根本在搞笑吧？我的意思是，若是沒有數字可以追蹤，要怎麼知道自己有沒有進步（或者讓自己收斂一點，不要繼續錯下去）？

丹．艾瑞利是《誰說人是理性的！》（及其他暢銷書籍）的作者、杜克大學進階後見之明中心創辦人兼主任，同時也是全球知名的行為經濟學家之一。他從稍微不同的角度來看待體重這個健康的問題。[179]

他在《機智事業》第十集的訪談中解釋道，健康的概念不只包括體重，但我們在不知不覺中產生了數字迷思。比起指針式體重計，電子體重計讓我們可以得到更精準的數字，而更準確的數字（小數點差了〇．一或〇．二公斤）令人覺得好像更有幫助，但事實並非如此。

丹．艾瑞利表示：「所有人每天的體重都會在〇．九至三．六公斤間浮動，而開始執行減重計畫後，至少要兩周才能從數字上看出效果。」所以自然的浮動會形成誤差，而且要久一點才能看到真正的成果。綜合以上因素，這些現象會導致人們感到疑惑，甚至受到數字的打擊。「想像你連續控制飲食且運動了三天，最後卻胖了〇．四公斤的時候。」（我告訴他，不用想像，我就是這樣！）

害怕看到數字也是問題之一。有多少人在大吃大喝後，好幾天不敢站上體重計？

其實，每天早上量體重比得到精準數字重要多了。這個動作能**促發**大腦一整天都做出良好的決定，就像滾雪球般。如果一張開眼就想到體重，那麼就更有可能整天都記得要吃得健康一點並且運動。反過來說，假設是在晚上量體重，那除了好好休息之外，也不能做什麼來挽回。

Shapa 體重計面臨的「已知」是，掌握精準的體重是保持健康的關鍵。他們可以提出的問題包括：「健康的意義是什麼？」或者「知道體重才能減重嗎？」等，這些問題有助於他們破除這項已知，並找出新的、對大腦友善的問題陳述。

丹・艾瑞利告訴我：「肥胖基本上就是體重一點一滴增加造成的。」從醫學上來講，只要一年內沒發生什麼壞事，就是美好的一年。「一年之內，大多時間維持體重，有時候瘦一點就已經很理想。」

因此，無數字體重計 Shapa 應用了許多行為學的知識：讓使用者養成每天量體重的**習慣**，並且移除數字，讓人們更注重整體的健康。

在沒有數字的狀況下，你或許會想：「那要怎麼知道自己有沒有達到預設的目標？」對此，Shapa 使用了五色系統。Shapa 不強調減重，而是在使用者維持體重時發出鼓勵訊息：「恭喜！一切正常！」並且避免在使用者體重增加時提出警告。

傳統上運用顏色時，通常會採用交通燈號的紅黃綠三色，但丹・艾瑞利和 Shapa 的團隊知道，黃色不是一個好的激勵顏色。當使用者維持體重長達多周，黃色並不是用來慶祝的顏色（大腦傾向於將黃色與「警示」聯想在一起）。因此，體重沒有變化時，Shapa 就會顯示綠色。

而且，Shapa 強調的是**變化趨勢**。使用者於前十天必須每天站上 Shapa 兩次（**習慣**養成），才會有顏色顯示。在這段期間，Shapa 會抓出使用者的正常體重範圍，並了解對使用者而言，哪個範圍屬於綠色（每個人都不一樣），因此〇・九至三・六公斤的自然浮動並不會影響使用者。

你是否曾經想計算熱量，然後在數字上稍微自欺欺人？或許你吃了七顆糖，但卻對外說自己只吃三顆？為什麼我們會想這麼做？無論如何身體都攝取了這些熱量，因此大腦只是在欺騙自己。但你知道嗎？大腦**依舊**感覺良好。計算熱量可以幫助人們減重，但只限人們誠實面對的時候。

黃色和紅色
可能會帶來反效果，
而且令人失去動力

在 Shapa 的顏色系統中，綠色代表體重維持良好、體重下降會顯示湖水綠或藍色，
而變胖則是以灰色表示。

Shapa 解決了這個問題。使用者可以不用害怕數字地站上體重計。使用者知道，有東西在追蹤自己的狀況。體重計會持續監測、顯示顏色，並且讓他們盡情替自己的健康開心，而不必擔心一堆複雜的問題。

簡化過程（站上體重計）並且移除令人害怕的因素，不僅能夠讓使用者建立重要的習慣，也能促進整體健康。五人當中就有四人每周站上 Shapa 體重計六次或六次以上，而且百分之七十五的人使用 Shapa 一年後，能成功維持住體重，或者持續減重。

了解真正的問題不是數字，讓 Shapa 幫助人們做到了成功維持體重，或得以持續減重。

突破你的已知

學習宗旨：大腦希望自己是正確的，也會不斷尋找證據佐證它的信念。我們都有根深柢固的「已知信念」束縛住自己。除非打破自己的已知（以及事業和產業的既定觀念），否則就無法解決真正的問題。

實際運用：寫下那些會影響你定義問題的「已知」。用問題破除它們。

已知信念一：＿＿＿＿＿＿＿＿

反駁該信念的問題：＿＿＿＿＿＿＿＿

已知信念二：________

反駁該信念的問題：________

已知信念三：________

反駁該信念的問題：________

真正的問題是什麼：________

概念：框架效應（五）、促發效應（六）、損失趨避（九）、羊群效應（十一）、推力與選擇設計（十三）、選擇的吊詭（十四）、習慣（十九）、互惠性（二十）、現狀偏誤。

收聽以下幾集《機智事業》，了解更多相關內容：

- **（第一〇一集）Shapa，無數字體重計，專訪丹．艾瑞利。**
- **（第一一八集）與路易絲．沃德聊聊行為科學俱樂部。**

第二十七章

新鮮感和故事的力量

接下來，我們差不多可以開始研擬第一個測試，但在正式進入測試的最後階段前，還得思考另一個更關鍵的因素。好消息是，這個因素很好玩（沒錯，就是有不有趣）。

人類的大腦喜歡新鮮感和無傷大雅的惡趣味。我們都喜歡聽笑話、看一些迷因耍笨或者玩雙關語讓自己感覺很聰明。

所有體驗旅程中的小步驟都很重要，值得深思熟慮。話雖如此，如果第一個干預點無聊到無法引起別人的興趣，你的目標群眾就永遠都不會抵達下一個接觸點（因為他們早就滑掉你的廣告或者刪掉email）。

引起注意的絕佳辦法，就是添加一些趣味。

凱斯．桑思坦提出FEAST架構來打造推力（該架構修改自行為洞察力小組的EAST架構）。[180]好的行為干預應該是：好玩（F，Fun）、簡單（E，Easy）、有吸引力（A，Attractive）、社交（S，Social）、即時（T，Timely）。

在這個架構中，我最喜歡的例子是一個很極端的商品：葡萄。

挑葡萄其實不太需要思考，對吧？綠色、紫色，或是有籽無籽。消費者不必記品牌名稱或者挑選農場。但自從甜得不得了的棉花糖葡萄出現後，一切就改變了。[181]我在《機智事業》第二集節目「企業最常犯的前五大用字錯誤」中，介紹了這個甜滋滋的商品。每年都有來自全球的聽眾，在照片中標註我，讓我知道在他們那裡也能買到棉花糖葡萄了（雖不像 Edchup 番茄醬那麼夯，但也是一項有趣的習慣）。

重點就在這裡，棉花糖葡萄**很好玩**！粉紅色的包裝讓它在架上光芒萬丈。包裝上的棉花糖葡萄照片顯得相當**吸引人**，讓它的優勢顯而**易見**。由於是限量的（稀缺性），因此商品更有**社交**價值。每年只要到了棉花糖葡萄上市的季節，就會有人上傳相關照片，展開「尋找棉花糖葡萄」之旅（就像星巴克的紅杯）。最後，這個商品具有**即時性**，因為人們看到包裝的當下，就正站在店裡，想著要買哪種水果。要買「普通」的葡萄，還是好玩的？太好選了。

當你想辦法將行為經濟學應用在事業中，一定要記得加入有趣的元素。沒錯，這是一門科學，但大腦熱愛新鮮感。如果製造了一堆無趣的干預，就會沉悶到無法吸引潛意識腦的注意。

我希望在FEAST架構之上，再加入一個元素，讓它進階變成FEASTS。當你想在事業中運用行為經濟學，請讓你的方法：

・好玩
・簡單
・吸引人
・有社交性
・即時
・有故事性

很久很久以前……

是什麼讓故事如此特別？

保羅・扎克博士是神經經濟學研究中心共同創辦人，他和其研究團隊發現神經化學物質**催產素**與說故事有密切關係[182]，催產素會告訴大腦接近某個人是安全的，可以信任這些人。分泌催產素能引發同理心，促使我們變得更合群（就像**互惠性**的反應）。

扎克博士的團隊發現，即便是透過影片，人們只要看到人物驅動的故事時就會分泌催產素。

不過，只有當你抓住觀眾的注意並用張力留住他們，才能發揮這樣的作用。一則好的故事，無論是一部新的電影劇作，或者講述一段一趟商務之旅，都能提升人參與度並且引人入勝。

這就是為什麼一部影片的開頭非常重要。如果我在YouTube影片的開場白是「大家好，我是梅莉娜，我又來了。今天我想和你們分享……」我看還沒說完，觀眾就跑光了。然而，一個耐人尋味的問題、充滿力量的圖片或奇怪的表情都能讓人停下來，想著：「嗯……我想知道接下來會發生什麼事。」

回到我們的小步驟流程，故事裡（無論是影片、一系列的圖片或文字敘述）的每個時刻，都有責任引領觀眾至下一個步驟，而且最好能讓觀眾採取你要的行為。有些故事的目的可能只是讓觀眾能訂閱你的頻道，有些時候則是希望聽眾能註冊訂閱、轉貼內容或消費。

好的故事會與大腦的記憶核心產生連結，讓人們更願意記住故事帶給他們的啟發。每個文化都有流傳悠久的故事敘述方式。[183]這些自古以來的說故事方式會深植人們內心，成為天性之一，品牌則應盡可能善用這些方法。

用故事拯救小企業

想像現在是二〇一九年年底。你在市區最熱鬧的街上經營一家小店。人潮絡繹不絕，一切看來美好。市政府宣布將在你這個區域蓋輕軌，以長遠的眼光看來，這對你是有利的。但工程封閉了該區的交通，而且市政府表示需要多年才能蓋好輕軌。

繁華一時的區域沒落變成了鬼城。苦苦等了幾個小時，卻只有三個路人和一隻狗經過。不到兩星期，便有第一家店倒閉，隨之而來的是每周五家店關門大吉。一切看來悽慘無比。

直到特拉維夫市政府推出了Colu計畫，試圖挽救小企業。[184]

Colu計畫知道問題在哪。人潮銳減的狀況將至少持續三年，沒有任何店家可以撐過這個難關。就像上一章提過的例子，他們提出確實的問題，找出正確的解決方案：怎麼樣才能鼓勵民眾向這些當地店家消費？

他們的解決方案包含了許多聰明的**誘因**（消費者每花一塊錢，就能得到百分之三十的APP回饋幣，而這些回饋幣只能用在當地消費），以及運用說故事的力量，吸引使用者參與活動。

Colu計畫並不只是透過簡單的新聞稿公告這些誘因，吸引民眾到當地店家消費，他們加入了每個店家的

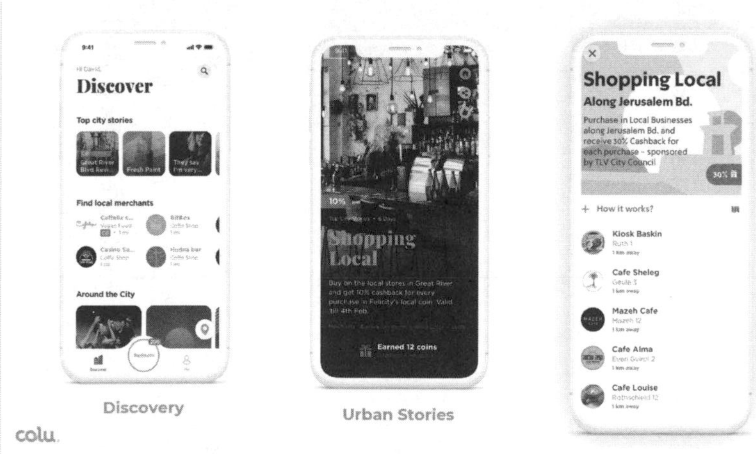

邀請旅客拜訪當地時，連結店家的故事，能鼓勵旅客採取行動。

故事和照片。

在前四十五天，超過四千名旅客在耶路撒冷大道的店家進行了兩萬三千筆交易，其中有百分之七十的旅客從未來這裡消費過。政府撒了十五萬的補助金，為當地小店帶來了七十萬的收益。最值得開心的是，活動結束後，民眾仍持續到這裡消費，帶動了店家業績額外成長百分之三十。為什麼？因為消費者認為，向當地店家消費，是在投資老闆的故事。這些故事的價值超越了金錢上的誘因，讓消費者想要幫助這些店家並帶來改變。

希望和賦權

「你得了癌症。」

沒有人會對這句話做好心理準備，然而美國每年有一百八十萬人被診斷出癌症。[185]

當你或你愛的人罹患癌症，你會去哪裡尋找答案？腦海冒出一堆問題，讓你在半夜睡不著覺時你會問誰？你怎麼知道 Google 上的答案是正確的還是假訊息？

而且，如果你不夠有錢，無法找到醫術最好的醫師或到處尋求不同的意見，你如何成為自己最大的支柱？

如果你正在規畫一項事業，讓民眾獲得經過仔細審核且最正確的癌症資訊，這個事業會是什麼樣子？

對很多人來說，這可能會是像 WebMD 這樣的網路醫生網站。但對 SurvivorNet 的共同創辦人史蒂夫．阿爾珀林而言，這未必是最佳答案。[186] 史蒂夫是《ＡＢＣ新聞》的前製作人，他深知故事的力量，以及如何把艱澀的議題整理得更淺顯易懂。

史蒂夫告訴我：「彼得．詹寧斯主持《ＡＢＣ今夜世界新聞》超過二十年。他已經變成民眾生活中的一部分，因此他罹患肺癌的消息著實震驚全球。他病逝後，民眾的警覺性提高了，隔年，進行肺癌的篩檢率增加了百分之三．五，光想就覺得不可思議。」

提醒民眾篩檢或戒菸，根本起不了什麼作用。偏誤的大腦認為自己時間還很多，人們相信自己對癌症免疫，癌症不會找上自己。看到自己愛戴的公眾人物不敵病魔，形成一股**推力**，讓民眾開始主動健檢。

史蒂夫成立 SurvivorNet 已超過十年，該網站將自己定位為癌症資訊的主流媒體。網站上並沒有刊載一堆無聊冗長的學術論文，而且完全沒有製造恐慌。

SurvivorNet 是一**媒體網絡**。它動用故事的力量幫助人們在害怕時找到希望，並擁有充分的自主權。他們提供頂尖的醫師和真實的患者案例，而且完全就像一般的新聞媒體，包括有簡短、順眼的影片，以及很多很多的故事。

這樣的經營方式成效顯著，SurvivorNet 除了網站之外（每個月吸引超過兩百六十萬名訪客進站），也建立了更多的平台。我們現在可以在 Apple TV、Roku TV、Prime Video 及 Google Play 上看到 SurvivorNetTV。

若 SurvivorNet 能運用故事的力量讓人們在對抗癌症的旅程中，學習更多知識並且感受到更多的自主權，而 Colu 能拯救地方小店，那你的事業又能有哪些貢獻？

應用新鮮感和故事性

學習宗旨：好玩和說對故事，可以抓住大腦的注意力並成為改變行為的關鍵因素。

實際運用：換你試試行為 FEASTS 架構：

怎麼讓你的干預變**有趣**？

______

______

如何**簡化**干預？

______

______

如何讓干預變得**吸引人**？

______

______

如何讓干預產生**社交性**？

什麼樣的干預最**即時**？

可以在哪裡加入漂亮的**故事**？

概念：促發效應（六）、損失趨避（九）、社會證明（十二）、推力與選擇設計（十三）、互惠性（二十）、現狀偏誤、催產素。

收聽以下幾集《機智事業》，了解更多相關內容：

- **（第五十四集）新鮮感和故事偏誤。**
- **（第一一三集）從 Colu 計畫認識如何運用行為經濟學刺激都市繁榮。**

第二十八章
測試、測試，再測試

假設你針對一群從未跟你消費過的民眾進行調查，問卷中問到：「註冊並訂閱前，您想多了解哪些資訊？」其中，有百分之四十六的民眾提出了同一個答案。你可以輕鬆做到他們說的這件事，而你的員工和製作團隊多年來也早就支持做這件事，因為他們也認為這是一個進入障礙。

你會怎麼做？

你會說：「太好了！就這麼辦。」還是，你會停下來先進行一次測試（或十次）？

很多企業經常會認為調查本身就是一次測試。仔細做過功課、進行問卷調查，結果幾近**一半**接受調查的人都說了同一件事，因此裡面肯定有**幾分真實**。人們通常會想要盡快執行問卷的結果。

還好 Netflix **沒有**採取這個看似合理的方法。[187]

問卷結果顯示，Netflix 面臨的最大進入障礙，是用戶在註冊並取得免費試用前，無法看到所有的片單目錄。這完全合理，但 Netflix 還是進行了一些測試。

Netflix 的團隊設計了一組 A／B 測試，來判斷哪個新介面獲得的反應最好。Netflix 百分之百預期新版本會比舊介面吸引更多用戶，畢竟過半數的人都說，這是讓他們不想註冊的原因。這次測試的主要目的，是找出哪個新版本能帶來較高的轉換率。

第一輪測試是控制組（看不到片單目錄）和一號測試版。**控制組獲勝**。

控制組繼續和二號測試版競爭。控制組又贏了，而且是持續贏，**不斷地贏**。

在每一次測試中，看不到片單目錄的版本都創下較高的轉換率。

見鬼了，究竟是怎麼回事？納文．萊恩格在 UX London 的演說上表示，他們看到用戶被過多的**選擇**和選項**搞昏了頭**。用戶開始搜尋特定的標題，而無法享受使用 Netflix 的美好。

用戶的意識腦認為，他們會想看到片單目錄，但過多的選擇讓他們摸不著頭緒，最後測試結果顯示，註冊並取得免費試用的用戶不增反減。而儘管這些研究都沒有明確提到這一點，但我敢大膽地說，當用戶**期待**能在 Netflix 上看到哪些影片和節目，大腦會分泌**多巴胺**，而這也刺激用戶跨越難關，「註冊並取得免費試用」。少了期待和好奇心，用戶怎麼會按下註冊鍵？

Netflix 每一季都有幾百萬名新用戶，[188]直接把調查結果丟到市場上執行，有可能對他們的獲利造成重大災難。謝天謝地，Netflix 有一群厲害的行為學團隊，以及重視測試的組織文化。

這恰好呼應了我們在第三部分開頭所學到的：人們說自己想要什麼的時候，並不一定是真的。你**相信**某個方法有用（就算是執行本書的一些概念），也不代表這些方法就一定會是仙丹妙藥。

而且我也向客戶和廣大觀眾說過，如果不進行實驗，就不知道新方法是否比舊的好。或者體會到嘗試新做法之後，一切會有多美好。

Behaviourlab 是英國顧問公司 Dectech 的隨機對照試驗平台，他們透過無數的研究發現測試的重要性。[189]

其中一項實驗是針對透過「善意謊言」進行詐欺的可能性（例如為了降低保費而把其他駕駛列在保險單上，或者筆電被偷之後，報價比實際價格高出一百英鎊之類）。這些小小的行為累積起來，預估讓保險公司每年多支出十億英鎊（提高每個人的保費，形成惡性循環）。投機性詐欺通常不是預謀好的，反而是由平常循規蹈矩的人做出的立即性決定。

因此 Dectech 進行了含括五個概念的實驗（規範／**社會證明**、自我一致性、**促發效應**、**框架效應**以及互惠性），總共設計了十八種以上的情境，以了解哪種情境成效最好。

幾乎所有的干預措施都能發揮正面影響，降低人們在理賠申請的模擬過程中不誠實的機率，但這個實驗的目的是了解哪種干預方式的效果**最好**。其中，「誠實宣誓書」讓誠實的機率增加了百分之五，而讓受試者知道其他人有多誠實，則可以降低百分之七十四的說謊率。若他們只讓客戶簽署誠實機率增加百分之五的誠實宣誓書，就很可能因此損失幾億英鎊。

想知道哪些概念能在你的脈絡中發揮效用（以及效用多大）的最佳辦法，就是測試。

有時候，我們「只想看看會發生什麼事」而靈機一動加入的干預，反而效果最好。史蒂夫・溫德爾是美國晨星公司行為科學主任及《行為改變科學的實務設計》作者，他與我分享了他們進行的一系列實驗，企圖了解哪種情境能讓人們改變行為，開始會節省外幣提款的手續費。[190] 所有很直接的干預都沒什麼太大效果，但一張畫著ATM怪獸吞錢的圖片卻達到了這個目的（我想一定是因為透過了更有趣、簡單、具備吸引力、社交性、即時性及故事性的方式，讓大家知道自己的錢怎麼了）。

同時，如果我們都有巨額預算和一億八千萬用戶來進行A／B實驗當然是一件好事，但就算你的規模不像 Netflix 那麼大，也能從不斷的測試中得到好處。

設計自己的實驗

當你想開始將行為經濟學應用在事業上，我建議設計實驗時，將以下這三件事謹記在心：小巧、深思熟慮，且頻繁測試。

規模小

Netflix 成功運用一連串A／B測試並非只是僥倖，他們把這個簡單的架構套用在所有事情上。他們用A／B測試找到對的圖片，使用戶觀看某個節目的機率增加了百分之三十。[191] Google用A／B測試找出最適合使用於連結的藍色，他們說這讓Google每年多出兩億美金的廣告獲利。[192]

一次測試太多東西（把文字變成按鍵、換顏色、換字體、移位置或增加圖片），就無法精準知道到底是哪個部分發揮作用，並且運用該資訊了解為什麼會如此。就像我的同事馬可．帕爾馬所說：「如果頭痛時一次吞六種藥，等頭痛消失時，就不知道到底是哪種藥發揮了藥效，以及下次該吃哪種藥。因此，一次嘗試一種，觀察是否有效後再試試其他種，比較聰明且省錢。」

採取小型的測試有助於學習，並且能持續將結果應用在下一次的測試中。

深思熟慮

每一封email和每一集《機智事業》，我都是用這句話做結尾，而且我有著充分的理由。深思熟慮是什麼意思？

首先，深思熟慮代表打破那些已知事實和侷限的信念。多多質疑，以探索機會和別人錯失的新大陸。

深思熟慮也表示在執行測試前（以本書的架構為準則），必須多花點時間計畫。儘管只是測試小東西，如果不仔細規畫，還是很可能曠日廢時。針對所有email、貼文、網頁及廣告信件的各種版本進行測試比較，很快就會讓設計和分析人員把所有時間都花在上面。

與其測試所有細節，不如**選對**項目測試。

開始設計測試前，先掌握你想解決的問題，以及為什麼解決這個問題很重要。你的目的是什麼？還有為什麼這對你的事業很重要？

這麼做能產生實質效益，是基於下列理由。

第一，限縮注意力，不會三心二意。這表示你能更有效率地運用時間，以及投入充分的資源來執行所學並持續改進。任何事都值得實驗，但在沒有明確重點和目標之下，測試每一件事等於浪費時間。

第二，一次實驗一件事，有助於你解釋研究的「研究理由」，並讓你更好地與組織進行整體上的溝通。

- **若你的公司想透過價值驅動吸引消費者**，那就把實驗聚焦在這上面。怎樣才能減少廣告行銷費用，讓公司給顧客更大的折扣？如何展示商品才能達到最大效用？
- **若你的公司重視的是讓潛在客戶變現實客戶**，那麼提升開信率和點閱率則是關鍵。
- **如果你建立了一套申請流程**，你知道民眾最容易在哪個部分卡住嗎？為什麼？怎樣才能讓他們順利申請完畢？哪一個族群的消費者比較容易有這個問題，或者每個人都有？同時，申請過程中出現問題的人，是否都是原本**預期中**的族群，因而降低了承辦員工的工作量？

確定一件事值得去做，才不會浪費大量時間做沒意義的事，導致徒勞無功。

深思熟慮讓你可以有目標地設計實驗、專案及產品，也才能持續學習和改進。

可推論性小提醒

實驗的結果不一定適用所有狀況或每一家公司。請記住，脈絡很重要。由於對比的差異，在臉書上設置紅色的「立即購買」按鍵，會比在 Target 網站上設置相同的按鍵效果更好。[193]

在設計的階段思考得周全一點，可以有多一點的資訊，讓你知道如何將測試的結果合理運用到另一個脈絡中。

容我再提醒一句：你無法深入挖掘事先沒掌握到的資訊。若想深入了解人口統計學和其他細節，就預先在資料庫中建立相關資訊。著手設計測試前，好好

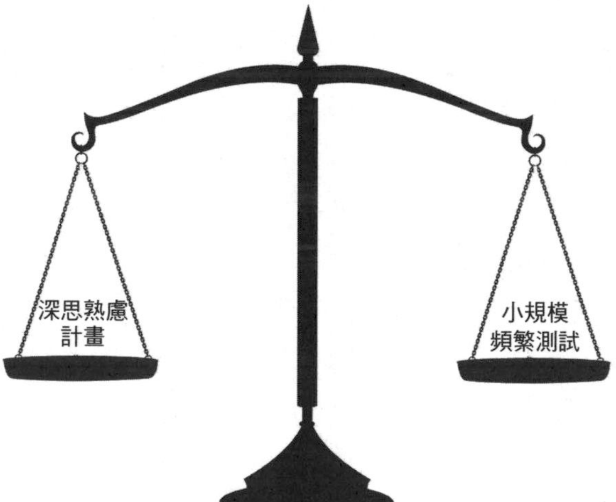

在小規模頻繁測試與仔細思考每一件能力所及之事之間，保持一定的平衡。

思考你想了解哪些事，以及你會怎麼運用這些知識。

及早且頻繁測試

小規模的內部測試讓你能迅速採取行動。測試越多次就越能學到更多，也會讓測試越來越簡單。每一次測試都是學習、提問及設計下一次測試的機會。

當你開始設計自己的實驗，請做好心理準備，面對預料外的結果，每個人都會發生這種狀況！就像你在這章看到的例子，很多時候出乎預料的事才是最有趣、最值得探討的事。「我很好奇為什麼會有這樣的結果？」這句話比不斷試著證明初始的假設是對的，讓我學到更多。

> 只要對數據刑求夠久，它自然會招供。
>
> ——羅納德．哈利．寇斯，英國經濟學家

沒有新發現（無變化）或相反的結果，都提供了重要的資訊。克服大腦的**確認偏誤**和想要證明自己正確的渴望等因素，都會讓你想操控結果，把結果變成你想要的樣子。以開放的心態進行測試，反而能讓你隨遇而安，並從結果中學習。

若你換了四次圖片還是沒什麼改變，可能表示圖片並不是那麼重要，因此你的團隊就能鬆口

氣（也許可以拿掉圖片，看看圖片是不是真的不重要，或者是有助益的誘餌）。

不到百分之一的使用者會點選 Google 的「好手氣」按鍵。而且 Google 的報告指出，這個按鍵讓他們每年損失一億美金的廣告收益。[194] 那為什麼還要留著？經過二十年來不斷地測試，結果發現，這個按鍵的存在（即使大部分的人不會去點），讓更多人以傳統的方式瀏覽搜尋結果。相較於移除該按鍵來增加廣告收益，使用者放棄搜尋反而會提高營運費用，Google 也是不斷測試後才發現這個事實。

數據令你訝異時，要感謝它讓你有機會思考為什麼，並且用開放的心態深入探討結果。

重大專案

內部測試值得嘉許，應用本書所學到的概念，可以讓你有很大的發揮空間並達到目的。但有些專案就是很看重結果。遇到這類型的專案，我建議可以邀請研究夥伴加入團隊。

本書的目的是提供讀者應用行為經濟學所需的工具，所以儘管行為經濟學建立在科學的基礎之上，但我刻意不提及太多科學方面的知識。

幾十年來，全球的行銷專家和品牌專家都奮力傳達其專業的價值。或許你曾聽別人說過（或者你有這種想法），行銷是很「輕鬆」的工作，不用仰賴具體的數字或事實，只要靠猜測和直覺就好。

行為經濟學讓行銷人員有工具能量化和解釋他們的價值。這就是為什麼我認為這是行銷、品牌塑造及所有企業的未來發展方向。我預測，接下來的十年，全球所有企業計畫都會建立在行為經濟學的基礎上。

科學能告訴我們什麼？很多！而且不會太技術性。

德州農工大學人類行為實驗室[195]與iMotions[196]合作，發現我們每秒可以同時追蹤六百個數據點，包括：

- **眼睛**每秒掃描環境二至三次。眼睛到底透過這些微小的動作在看些什麼？人們是否持續把視線停留在某個東西上？
- 當人們在看一個東西，他們的**表情**有什麼變化？例如，人們皺眉頭時，對該項事物的注意，很可能代表他們正感到困惑。
- 人們要花多久時間才會**做決定**？一毫秒的遲疑都具有很大的意義。

- 人們對於物品的陳列感到開心嗎？或者驚訝？我們可以透過即時監測**心跳**，以及追蹤**皮膚狀況**，觀察他們是否有稍微冒汗，來了解其參與程度。
- 看到某個狀況發生時，人們是否將身體往前靠近螢幕或遠離螢幕？觀察他們**與螢幕之間的距離變化**，也能看出人們的想法。他們的**瞳孔有沒有放大**？
- 同時間，其他數據點又隨著**大腦神經訊號**出現什麼樣的情況？腦電圖可以將一切狀況串連起來。

其實，科學解開了大腦的旅程途徑，而不是只知道目的地在哪裡。而且，只要觀察旅程的次數夠多，未來有其他人踏上同樣的旅程（以及目的地）時，我們就能做出更精準的預測。

光是觀察這些數據點，預測消費者會不會購買的準確率就能提升到百分之八十四，連問都不用問。[197]

測試《機智事業》網站

我為了寫這本書，得到了一個與 iMotions 直接合作、重新設計網站的好機會。我當時做的工作就跟平常代表客戶進行洽談時一樣。我們先分析舊網站有哪些好的地方，或需要改進的地方，然後與新版網站的樣板進行測試。我們在初次測試中，加入了許多概念，包括**框架效應**、**促發效應**、**互惠性**及**社會證明**。

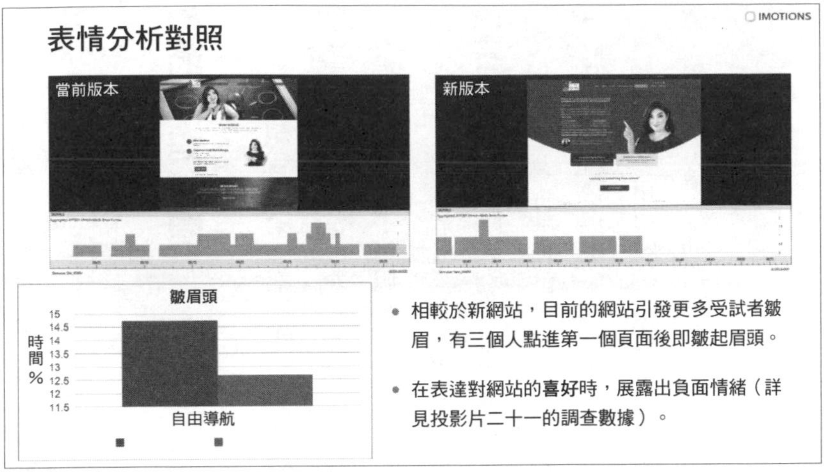
IMOTIONS
表情分析對照
當前版本
新版本
皺眉頭
時間%
15
14.5
14
13.5
13
12.5
12
11.5
自由導航
相較於新網站，目前的網站引發更多受試者皺眉，有三個人點進第一個頁面後即皺起眉頭。
在表達對網站的**喜好**時，展露出負面情緒（詳見投影片二十一的調查數據）。

皺起的眉頭，透露出測試者在哪個部分和時間點感到困惑。我們可以很清楚看到測試者的視線落在哪裡，以及新網站有哪些地方要改善。

我們發現，原本作為行動呼籲功能的「與我們聊一聊」按鍵，效果不如「啟動你的專案」按鍵。這個發現讓我們思考更多的問題：這是因為圖片較有說服力？還是文字本身帶來的效果？後續的研究會告訴我們答案，而你在看這本書的時候，我們也應該已經推出新網站，因此不妨親自來看看我們的網站！

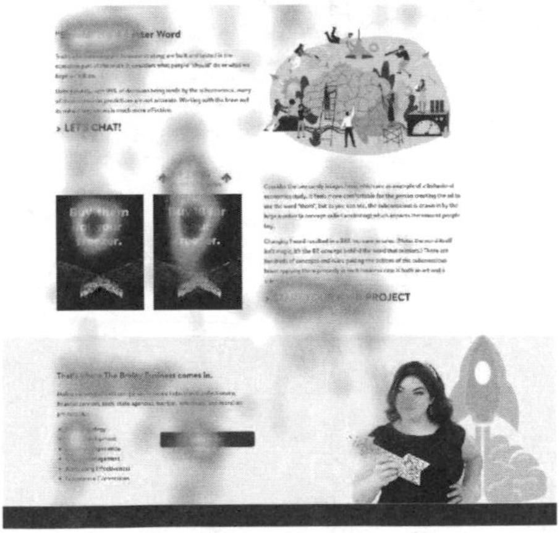

iMotions 的眼球追蹤軟體，顯示出人們的視線落在哪裡，以及差距在哪。

若想詳細了解該測試的內容，以及該測試如何影響《機智事業》的網站，請連結至以下網址：thebrainybusiness.com/applyit

你的烘焙時間

請回想我在第三部分開頭做的烘焙比喻。你現在知道有哪些材料（概念）以及每種材料的功能，就像糖、奶油、麵粉及蛋。

你也已經有了可以跟著做的食譜（第三部分介紹的流程）。

當你不斷練習這些流程並且熟能生巧後，就會開始有信心調和不同的香料，並創造屬於自己的食譜。或許有時候別人會出現奇怪的反應，但這不代表你該放棄。

另外，當你變得能熟練地製作生日蛋糕後，遇到婚禮場合時，就是該邀請專家加入的時候（此時，我就會提供協助）。

你差不多可以開始將行為經濟學應用在事業中了。本書最後一部分，會介紹大腦常用哪些招數，讓你陷入現狀動彈不得。千萬不要跳過最後一部分，它能幫助你獲得最後的成功！

應用測試法

學習宗旨：沒測試過就永遠不會知道結果。邀請專家參與重要的專案，而真正開始測試時，務必保持小規模、深思熟慮並且頻繁測試。

實際運用：本章提供了很多步驟，讓你可以照步驟進行測試，因此我不會在這裡反覆說明。反之，在你開始測試前，請先思考以下三件事：

你第一次測試的目標是什麼：

你會自己執行或透過研究夥伴執行？

你會在社群媒體上和我分享你的計畫／結果嗎？我希望你會！

（到所有平台上搜尋 **@thebrainybiz** 就能找到我）。

概念：框架效應（五）、促發效應（六）、社會證明（十二）、選擇的吊詭（十四）、互惠性（二十）、現狀偏誤、預期。

收聽《機智事業》所有節目，深入了解行為經濟學：thebrainybusiness.com/Podcast

第四部

別被困住

第二十九章

阻礙你的力量

你有沒有在參加過某場會議、看了一場很棒的線上研討會或讀完一本書之後，心想：「我迫不及待想在星期一進辦公室後，開始執行這些方法！」但是又讓每天的例行公事在不知不覺中占用了你的時間，導致所有的妙策現在都被塵封在架上？

我希望你不要再重蹈覆轍了。

既然你已經從本書學習到這麼多概念，就應該開始落實。了解潛意識用哪些招數讓你停滯不前，比較容易在潛意識的主場打敗它。最後一章的主題就是這個。

為什麼我們都會面臨這樣的狀況？在第一部分時，我們已經了解到，最大的原因就是大腦的現狀偏誤。想一想，潛意識是運用經驗法則來處理大部分的事情。你的真實世界其實是建立在潛意識預測未來會發生什麼事的能力之上。當潛意識無法預測接下來會發生的事，就表示意識腦要做更多的工作，但潛意識不喜歡讓這種事發生。

所以潛意識會耍很多小花招，擺各種路障阻擋你，讓你用同一套方法做事，以讓它自己有安全感。

但你知道將行為經濟學應用在生活和事業中非常重要。

- 這麼做能讓你的努力獲得回報。
- 可以促使人們回覆你的 email 或點開廣告。
- 可以提升顧客忠誠度，並讓客人更開心地與你互動。

大腦將自己的偏誤深藏不露，藏在黑暗中，不為人所察覺的東西其實更可怕。因此，讓我們拿起手電筒，揪出這些造成心理障礙的怪物。

時間折價

你是否曾在周六晚上決定「周一」要開始認真減肥和運動？或許你整個周日都在計畫，而且在晚上設定鬧鐘時，非常期待明天的到來，但等鬧鐘響起，又完全變了一個人（提不起勁）。

這就是時間折價的作用（或者我習慣稱之為「星期一再做效應」）。

研究顯示，大腦把未來的自己（你答應它五點起床晨跑）視為另一個完全不同的人。[198] 我們可以輕易對**未來的自己**許下承諾，但當**現實中的你**遇到逼迫的鬧鐘聲，會更輕而易舉地按下貪睡鍵（又把問題推給未來的自己）。

若想克服時間折價的問題，並開始在事業中應用行為經濟學，最有用的小技巧就是，找出現在能立刻做的一件事。早上醒來後，問自己一個有深度的問題，或用另一隻手刷牙（研究顯示，這麼做能讓人整天都更有創意）。[199]當你想要把某件事延後到明天做，問問自己為什麼。

接著再問：「我現在能做什麼，向大腦證明這件事很重要？」（然後去做。）

（收聽《機智事業》第五十一集，詳細了解時間折價。）

樂觀偏誤與計畫謬誤

你是否曾經說過（或想過）以下任何話？

- 「我今天只完成代辦清單上的兩件事，但卻是最麻煩的兩件事。明天我就能解決其他十二件事了！」
- 「下一場會議兩分鐘後開始？等我一下，我馬上就能處理完這些email……」
- 「處理這個專案通常需要五小時，但我覺得我三小時就能完成，因為……」

這些話（我也是重度受害者）都是起因於計畫謬誤和其他種類的樂觀偏誤。大腦認為明天會比今天好，一切會進行得更迅速、更有創意以及更有效率，可以一次到位。

我們傾向於忽略無法避免卻會阻礙我們的外部因素（電話、緊急email、臨時會議、午休時間），但這些事累積起來會占掉不少時間。沒事先考量到這些事，等於工作注定無法如期完成、超出預算，並且使自己壓力大增。

大腦覺得自己是超人，所以喜歡耍花招，讓你認為計畫得太少是件很失敗的事。你能想像你明天的「代辦」清單上只剩下一件事嗎？

沒錯，一件事。

光是這個想法就令你覺得不自在嗎？為什麼？

相比之下，決定執行一件事、然後竟然完成兩件事，以及在清單上列出十件事，但很清楚自己絕對做不完，後者令我們感覺更好（但真的做不完的時候感覺會糟透了），為什麼？

若想翻轉大腦這種習性，並將之轉換為正面的力量，就要透過設定**新錨定值**來重新框架。當待辦

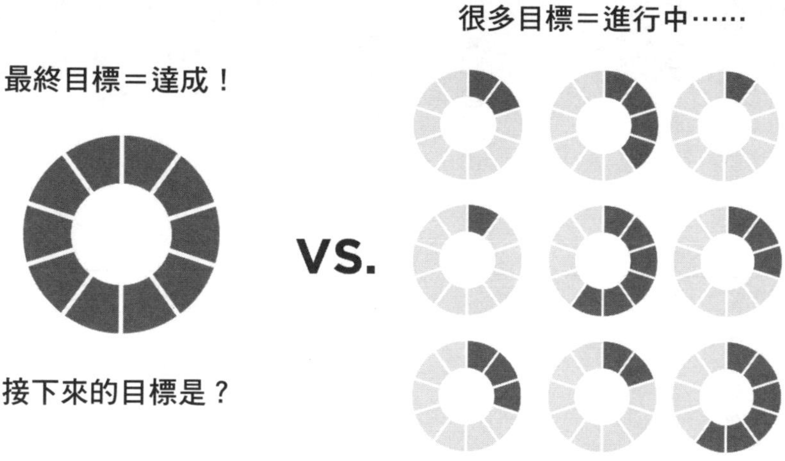

一次完成一件事，強過一次執行很多件事，卻毫無進展。

清單上有十件事，卻只完成了三件，你不免會感到挫折。隔天將注定又是受挫的一天，因為除了當天的工作，還要加上今天剩下的七件事。壓力和焦慮襲擊大腦，令人失眠。

若能列出一件明天絕對會做的事，而且只有做完這件事，才能「打卡下班」或者睡覺，你就不太會忽略這件事。同時，若做完這件事後還有多餘時間可以做其他兩件事，你就會覺得棒呆了！

你會覺得自己是超級英雄！你會睡得更甜並且在醒來後煥然一新，準備好處理明天唯一的一件事。

你怎麼知道「哪件事」重要，以及如何排列優先順序？請把目標限縮在三個（沒錯，生活和事業的目標加起來共三個）以內。

（收聽《機智事業》第三十四集和一一四集，深入學習樂觀偏誤和計畫謬誤。）

腳踏車棚效應

- 我知道我需要新的網站，但我得看過八萬五千個範本之後，才知道要怎麼設計。
- 如果我想增加社群媒體的追蹤人數，我就必須先研究過所有的網紅（滑不完的 Instagram）。
- 我想在事業中運用行為經濟學，但我至少要先看完十本以上的書。

這些直覺反應叫做「腳踏車棚效應」，[200]會不斷讓我們做一些看似重要但其實瑣碎的事情。該名稱的緣由，來自一組原本應打造核電廠的團隊，卻花大量時間討論如何設計腳踏車棚的事件。這件微不足道的小事即使出錯，也不會造成嚴重後果，因此關注這件事等於是打安全牌。

退一步來看，這麼做顯然很荒謬。但我們一直在做上面列出的這些事。大腦告訴你現在這件事極為重要，你**必須**在正式進入主題前，先做這件事。但這件事恐怕會讓你分心。

尼爾．艾歐在其暢銷著作《專注力協定》中分享了精采的見解，這見解影響了我的一生（我相信也影響了無數人）。分心的反義詞是**牽引力**。只有你知道它要讓你從什麼地方轉移注意力時，你才會知道原來這個東西是令你分心的事物。[201]

社群媒體對我的事業來說，是很重要的成功因素，我必須花時間經營。但當我有其他的工作（錄製 Podcast 節目、雜誌專欄或者寫這本書），社群媒體就會變成令我分心的東西：我的腳踏車棚。

一旦減少目標數量並規定自己一天做一件事，以達成這個美妙的結果時，大腦就會開始打安全牌，安排一些看似重要（緊急）的工作來阻擾你。

如果你還沒做完你覺得重要的那件事，其他正在處理的事情就像是在蓋腳踏車棚。當大腦想要做這些瑣碎的事情（通常是出自於習慣），問問你自己：「我真的想、且必須現在做嗎？或者我只是在做沒意義的事？」

你可以看出大腦會運用各種招數來阻擾你前進。當大腦要把戲，時間折價和樂觀偏誤會告訴你，明天（或下一個小時）會更好。別上當！

在你開始做無意義的瑣事前，要先做一件事。採取一個小步驟或設定計時器，逼自己採取行動。如果我正在寫作的時候，潛意識腦要我去吃個點心、滑一下 Instagram 或者確認信箱，我會用計時器定時十五分鐘。

我必須先寫十五分鐘的文章，十五分鐘後，若我還想要做這些事，就能自由去做（設定好計時器，才不會整天都耗在這些事情上）。

（收聽《機智事業》第九十九集，深入了解腳踏車棚效應。）

了解大腦的花招和知道怎麼預防上當後，你會很訝異自己竟然可以做完很多事。多練習是必須的（你在教意識腦如何改寫潛意識愛不釋手的規則），但你很快就會想養成**新習慣**，而且一切都會越來越上手。我掛保證！

現在是做這件事的時候嗎？用急迫性／重要性矩陣來決定。

緊急，不重要 或許不值得做	**緊急，重要** 優先處理這些事
不緊急，不重要 別做這些事！	**不緊急，重要** 安排進度

利用「急迫性」和「重要性」矩陣，來判斷一項工作會不會形成腳踏車棚效應。

第三十章

我有什麼資格去……

大腦也會利用我們本身的不安全感來妨礙我們。假設你想要開始錄製 Podcast 節目。當你的大腦響起這些聲音，可能就會出現想要做瑣事的症狀：

- 「誰會聽**你**的節目？」（冒名頂替症候群）
- 「等你的想法／封面圖片／網站跟（品牌名）一樣好的時候，才能公開。」（完美主義）
- 「萬一沒聽眾或者被笑呢？」（失敗恐懼）
- 「萬一真的爆紅，沒時間做這些工作，就得請員工。但我可付不起薪水！」（成功恐懼）

若想克服大腦的這些異議，你可以想像花園裡有一株巨大的雜草。這株雜草可能已經在花園裡長了好幾周，默默地越長越大，並且偷偷吸取隔壁植物的養分。

在沒有學過植物解剖學的狀況下，你會怎麼除掉這株雜草？

- 剪掉最上面的花？

・用力扯葉子？

・用割草機輾過它？

這些方法都治標不治本（或者，遠遠看過去還算順眼），如果不用正確的工具把雜草連根拔起，遲早春風吹又生。

心態調整也是如此。

在此之前，你沒有用對工具，或者不了解「雜草」的結構：你最大的心態障礙。你注意到它，它干擾到你，或許你稍微戳戳或拉拉它的葉子，但你從未真正連根拔起。而且，你肯定也沒有正確的工具，能適當移除整個系統。或許你的方法差不多對了，你挖起雜草周邊的土，但這麼做似乎造成了更多問題，所以你放棄了。

然後，當你拔出最大的雜草，旁邊卻又冒出其他三株新長的小雜草，而且越長越多……你越積極除庭院裡的草，小雜草越是長不停。

大腦的心理障礙也是如此，它們會不停冒出來，你永遠也擺脫不了（很抱歉，我也希望這不是真的）。但透過提出好的問題，努力練習察覺這些心理障礙，並讓大腦養成新習慣以克服舊習，能有助你精進並達成目標。

我就知道

大腦執著於它所期待的東西。因此，即使以往你不認同心態調整（或覺得都是胡說八道），但我保證它真的有效。頂尖運動員和企業梟雄之所以會運用意象訓練一定有其原因。

若用質疑的心態執行從本書所學到的知識，大腦的確認偏誤（第一〇二集）和聚焦幻覺（第八十九集）就會連結起來，讓你只看到能證明自己正確的訊息。

還記得潛意識每秒要過濾一千一百萬位元的資訊，而意識腦是每秒四十位元嗎？這表示潛意識讓一個訊息通過的同時，就有其他二七五〇〇〇萬件訊息是被認定不夠重要的。有沒有可能其中之一（或一千）的訊息，其實能證明心態調整是有用的？

當你願意接受不同的事物，尋找有效調整心態的訊息，你就會留意證明你是正確的資訊（並忽略其他不合你意的訊息）。

一開始你必須有意識地留意，相信這些招數會改變我們的行為，很快你就會形成新的思考習慣，即可成功應用行為經濟學的知識，並獲得豐碩的成果。

成為充滿好奇心的提問者

接下來的三十天，在生活中尋找你從本書學到的概念。在看一張廣告的時候，停下來想想：

- 店家想**助推**你做什麼事？
- 用不同的**框架**傳達廣告的訊息，會有什麼變化？
- 你會怎麼加入**互惠性**來達到不同的結果？
- 如果廣告中少了**社會證明**，你會在哪裡加入這個概念？
- 打破消費者的**習慣**或配合消費者既有的習慣，能讓店家獲得什麼好處？
- 若**下一個步驟**表達得不夠清楚，你會怎麼做以讓它更明顯？
- 你會在哪裡加入**故事**元素？
- 圖片有對你形成正確的**促發效應**嗎？

訓練對其他行銷素材的好奇心，就能鍛鍊大腦對其他領域感到好奇。**問問題很好**。這也包括別人向你的新方案提問。問問自己，為什麼別人會有這種感覺？你可以從他們身上學到什麼？撿起一顆石頭，從不同角度觀察它有助於我們學習。結合不同的想法，試試會迸出什麼火花。很快你就能很自然地以這樣的心態處理所有專案、工作流程以及潛在機會。

親愛的，恭喜你！你已經解鎖自己的大腦，並且知道客戶要的是什麼（即使他們說不出口）。你絕對辦得到。你已經有了適當的工具，可以開始將行為經濟學運用在生活和事業中，並翻轉你的世界。

喔，對了，切記要**深思**。

——梅莉娜

結語

我真心希望你喜歡本書介紹的所有見解、技巧以及故事。同時，相信你已經知道提出要求、慷慨，以及社會證明的價值，因此我有一個請求：

- 你會在亞馬遜、GoodReads、Google 或其他你慣用的平台上，為本書寫評論嗎？
- 若你認為有人會喜歡這本書，你會推薦給他們嗎？
- 若本書的某些內容引起你的共鳴（或許你跟我一樣會用螢光筆標示重點），你會在社群媒體上分享並且標記 @thebrainybiz #WhatYourCustomerWants，讓我能找到你嗎？

我很喜歡與《機智事業》的聽眾和這本書的讀者分享大家成功運用所學的經驗。你有問題？歡迎來問我！我非常愛聊行為經濟學，也期待與你展開愉悅的對談。

若想學習更多行為經濟學的知識，請至 thebrainybusiness.com，這個網站提供了豐富的學習課程和內容。你還可以訂閱《機智事業》節目，每周五會更新節目。另外，若想深入學習應用方法（但還不想成為專業的研究員），或許你也可以去參加德州農工大學人類行為實驗室的應用行為經濟學認證課程。

我很榮幸能在那裡開了幾堂課，非常期待見到你。

並且，當然，如果你需要顧問或講師協助你解鎖大腦的祕密，在事業上更上一層樓，請透過 melina@thebrainybusiness.com 與我聯繫。

期待收到你的來信，再次感謝支持。

切記深思熟慮。

梅莉娜

注釋

1 Kaku, M. (2014, August 20). The golden age of neuroscience has arrived. *Wall Street Journal*. Retrieved from: www.wsj.com/articles/michio-kaku-the-golden-age-of-neuroscience-has-arrived-1408577023.

2 Kahneman,D. (2011). *Thinking, fast and slow*. Farrar, Straus andGiroux.

3 Pradeep, A.K. (2010). *The buying brain: Secrets for selling to the subconscious mind*. John Wiley & Sons.

4 Pradeep, A.K. (2010). *The buying brain: Secrets for selling to the subconscious mind*. John Wiley & Sons.

5 Ash, T. (2021). Unleash your primal brain: Demystifying how we think and why we act. Morgan James Publishing.

6 There is an ever-growing number of studies within the fields of behavioral economics and behavioral science from around the world, which I expect to grow faster in the coming years. I highly recommend *behavioraleconomics.com* as a starting resource for anyone looking for more academic research from the field.

7 Steidl, P. (2014). *Neurobranding* (2nd ed.) Create Space. Page15.

8 Kahneman, D., Slovic, P., & Tversky, A. (Eds.) (1982) *Judgement under uncertainty: Heuristics and biases*. Cambridge UniversityPress.

9 Biddle, G. (2018, April 2017). How Netflix's customer obsession created a customer obsession. *Medium*.

10 Nisbett, R., & Wilson, T.D. (1977). The Halo Effect: Evidence for unconscious alteration of judgments. *Journal of Personality and Social Psychology, 35,* 250–256.

11 Bourtchouladze, R. (2002). *Memories are made of this: How memory works in humans and animals*. Columbia UniversityPress.

12 Palmer, M. (Host). (2019, May 17). An overview of memory biases. (No. 48) [Audio podcast episode]. In *The Brainy Business*

13 Gardner, R.W. & Lohrenz, L.J. (1960). Leveling-Sharpening and Serial Reproduction of a Story. *Bulletin of the Menninger Clinic, 24*(6), 295.

14 Arkowitz, H., & Lilienfeld, S.O. (2010, January 1).Why Science Tells Us Not to Rely on Eyewitness Accounts. *Scientific American* www.scientificamerican.com/article/do-the-eyes-have-it Note: the language of the story getting lost in the mall is one I wrote for the example within the book, and is not the exact language used by the researchers in thestudy.

15 Begg, I. M., Anas, A., & Farinacci, S. (1992). Dissociation of processes in belief: Source recollection, statement familiarity, and the illusion of truth. *Journal of Experimental Psychology: General, 121* (4), 446–458.

16 Nickerson, R. S. (1998). Confirmation bias: A ubiquitous phenomenon in many guises. *Review of General Psychology, 2* (2), 175–220.

17 Haidt, J. (2006). *The happiness hypothesis: Finding modern truth in ancient wisdom*. Basic Books.

18 Bergland, C. (2019). The neurochemicals of happiness. *Psychology Today*.; Palmer, M. (Host). (2020, October 23). Get your D.O.S.E. of brain chemicals. (No. 123) [Audio podcast episode]. In *The Brainy Business*.

19 Zaltman, G. (2003). *How customers think: Essential insights into the mind of the market*. Harvard Business School Press.

20 FORA.tv. (2011, March 2) *Dopamine jackpot! Sapolsky on the science of pleasure* [Video]. YouTube. www.youtube.com/watch?v=axrywDP9Ii0; Weinschenk, S. (2015, October 22). Shopping, dopamine, and anticipation. *Psychology Today*.

21 Ramachandran, V. (2009, November). *The neurons that shaped civilization* [Video]. TED Conferences. www.ted.com/talks/vilayanur_ramachandran_the_neurons_that_shaped_civilization; Palmer, M. (Host). (2019, January 18). Mirror neurons: A fascinating discovery from a monkey, a hot day, and an ice cream cone. (No. 31) [Audio podcast episode]. In *The Brainy Business*

22 di Pellegrino,G., Fadiga, L., Fogassi, L., Gallese V. & Rizzolatti,G. (1992). Understanding motor events: a neurophysiological study. Experimental Brain Research, 91, 176–180.; Gallese, V., Fadiga, L., Fogassi, L., & Rizzolatti, G. (1996). Action recognition in the premotor cortex, *Brain*, 119(2), 593–609.

23 Iacoboni M, Molnar-Szakacs I, Gallese V, Buccino G, Mazziotta JC, & Rizzolatti G. (2005) Grasping the Intentions of Others with One's Own Mirror Neuron System. *PLoS Biology, 3*(3): e79.

24 Goel, V. (2014,June 29). Facebook tinkers with users' emotions in news feed experiment, stirring outcry. *The New York Times.*

25 Sharot, T. (2012, February).*The optimism bias* [Video]. TED Conferences. www.ted.com/talks/tali_sharot_the_optimism_bias; Palmer, M. (Host). (2019, February 8).Optimism bias: The good and the bad of those rose-colored glasses. (No. 34) [Audio podcast episode]. In *The Brainy Business.*

26 Palmer, M. (Host). (2019, April 26).Overview of personal biases. (No. 45) [Audio podcast episode]. In *The Brainy Business* Palmer, M. (Host). (2019, May 3). Biases toward others—including groups. (No. 46) [Audio podcast episode]. In *The Brainy Business.*

27 Samuelson, W., & Zeckhauser, R. J. (1988). Status quo bias in decision making. *Journal of Risk and Uncertainty, 1*,7–59.

28 Meakin, L. (2019, December 29). Top jobs for next decade are behavioral scientist, data analyst. *Bloomberg*.

29 Sutherland, R. (2019). *Alchemy: The dark art and curious science of creating magic in brands, business, and life*. HarperCollins.

30 Learn more about the Right Question Institute and questionstorming at rightquestion.org.

31 Berger, W. (2016). *A more beautiful question: The power of inquiry to spark breakthrough ideas.* Bloomsbury USA.

32 Lang, N. (2013, September 2). 31 famous quotations you've been getting wrong. *Thought Catalog.*

33 Kahneman, D. (2011). *Thinking, fast and slow.* Farrar, Straus and Giroux.

34 Staff. (2007, August 10). 'Cozy' or tiny? How to decode real estate ads. *Today.* www.today.com/news/cozy-or-tiny-how-decode-real-estate-ads-wbna20215090.

35 Lawson, M. (2018, September 24). #1003: How CoastHills Credit Union achieved modern marketing success with an old idea...CUBroadcast.

36 Terao, Y., Fukuda, H., & Hikosaka, O. (2017). What do eye movements tell us about patients with neurological disorders?—An introduction to saccade recording in the clinical setting. *Proceedings of the Japan Academy. Series B, Physical and Biological Sciences, 93*(10), 772–801.

37 Goldstein, D. G. (2007, March).Getting attention for unrecognized brands. *Harvard Business Review.* Janiszewski, C. (1993). Preattentive mere exposure effects. *Journal of Consumer Research, 20*(3), 376–392.

38 Pradeep, A.K. (2010). *The buying brain: Secrets for selling to the subconscious mind.* John Wiley & Sons.

39 Burmester, A. (2015, November 5). How do our brains reconstruct the visual world? *The Conversation* theconversation.com/how-do-our-brains-reconstruct-the-visual-world-49276.

40 Kay, A.,Wheeler, S., Bargh, J., & Ross, L. (2004). Material priming: The influence of mundane physical objects on situational construal and competitive behavioral choice. *Organizational Behavior and Human Decision Processes, 95*, 83–96. This study has not been replicated by others. However, I have chosen to still include the study to show how the literal association within the brain works, and get you thinking about how this can impact your business via image and word choice.

41 Fitzsimons, G. M., Chartrand, T. L., & Fitzsimons, G. J. (2008). Automatic effects of brand exposure on motivated behavior: How Apple makes you "think different." *Journal of Consumer Research, 35* (1), 21–35.

42 Eveleth, R. (2013, December). How do we smell? [Video]. TED Conferences. www.ted.com/talks/rose_eveleth_how_do_we_smell.

43 Aqrabawi, A. J., & Kim, J.C. (2018). Hippocampal projections to the anterior olfactory nucleus differentially convey spatiotemporal information during episodic odour memory. *Nature Communications, 9*, 2735.

44 ScentAir is not the only scent branding company around. I chose to include them because of the assortment of stats and research on their page which, at the time of publication, included the stats listed in this section. See more on their website, scentair.com/how-it-works.

45 Holland, R. W., Hendriks, M., & Aarts, H. (2005). Smells like clean spirit: Nonconscious effects of scent on cognition and behavior. *Psychological Science, 16*(9), 689–693.

46 Pradeep, AK. (2010). *The buying brain: Secrets for selling to the subconscious mind.* John Wiley & Sons.

47 Hirsch, A. (1995). Effects of ambient odors on slot-machine usage in a Las Vegas casino. *Psychology and Marketing, 12* (7), 585–594.

48 Hirsch, A.R. (1990). "Preliminary Results of Olfaction Nike Study," note dated November 16 distributed by the Smell and Taste Treatment and Research Foundation, Ltd. Chicago, IL. Bone, P.F., & Jantrania, S. (1992). Olfaction as a cue for product quality. *Marketing Letters, 3*, 289–296.

49 Staff. (2011, August 16). The smell of commerce: How companies use scents to sell their products. *The Independent.*

50 Hagan, P. (2012, October 31). How the aroma of freshly baked bread makes us kinder to strangers. *The Daily Mail.*

51 Moss, M., & Oliver, L. (2012). Plasma 1,8-cineole correlates with cognitive performance following exposure to rosemary essential oil aroma. *Therapeutic Advances in Psychopharmacology*, 103–113.

52 Staff. (2009, February 16). ScentAir launches the sweet smell of success. *Retail Technology Review.*

53 Redd, W. H., Manne, S. L., Peters, B., Jacobsen, P. B., & Schmidt, H. (1994). Fragrance administration to reduce anxiety during MR imaging. *Journal of Magnetic Resonance Imaging, 4* (4), 623–626.

54 Kotler, P. (1974). Atmospherics as a Marketing Tool. *Journal of Retailing. 49*(4), 48–64.

55 Vida, I., Obadia, C., & Kunz, M. (2007). The effects of background music on consumer responses in a high-end supermarket. *International Review of Retail Distribution and Consumer Research*, (5), 469–482.

56 Vida, I., Obadia, C., & Kunz, M. (2007). The effects of background music on consumer responses in a high-end supermarket. *International Review of Retail Distribution and Consumer Research*, (5), 469–482.

57 Vida, I., Obadia, C., & Kunz, M. (2007). The effects of background music on consumer responses in a high-end supermarket. *International Review of Retail Distribution and Consumer Research*, (5), 469–482.

58 North, A., Hargreaves, D., & McKendrick, J., (1997), In-store music affects product choice. *Nature*, 390, 132.

59 eBay Press Release. (2014, October 27). Radio, chatter and football—the sounds that help us shop. www.ebayinc.com/stories/press-room/uk/radio-chatter-and-football-the-sounds-that-help-us-shop.

60 Peck, J. & Shu, S. B. (2009). The effect of mere touch on perceived ownership. *Journal of Consumer Research, 36*(3), 434–434.

61 Keysers, C., Wicker, B., Gazzola, V., Anton, J., Fogassi, L., & Gallese, V. (2004). A touching sight: SII/PV activation during the observation and experience of touch. *Neuron, 42*(2), 335–346.

62 Williams, L. E. & Bargh, J. A. (2008). Experiencing physical warmth promotes interpersonal warmth. *Science, 322*(5901), 606–607. This study has not been replicated by others. However, I have chosen to still include the study to show how the literal association within the brain works, and get you thinking about how this can impact your business via image and word choice.

63 Steidl, P. (2014) *Neurobranding* (2nd ed.) CreateSpace.

64 Bargh, J. A., Chen, M., & Burrows, L. (1996). Automaticity of social behavior: Direct effects of trait construct and stereotype activation on action, *Journal of Personality and Social Psychology 71*(2), 230–244. This study has not been replicated by others. However, I have chosen to still include the study to show how the literal association within the brain works, and get you thinking about how this can impact your business via image and word choice.

65 Steele, J. R. & Ambady, N. (2006). "Math is hard!" The effect of gender priming on women's attitudes. *Journal of Experimental Social Psychology 42*(4), 428–436.

66 Zhong, C. & Liljenquist, K., (2006), Washing away your sins: threatened morality and physical cleansing, *Science, 313*(5792), 1451–1452.

67 Tversky, A., & Kahneman, D. (1974). Judgment under uncertainty: Heuristics and biases. *Science (New Series), 185,* 1124–1131.

68 Ariely, D. (2010). *Predictably irrational: The hidden forces that shape our decisions.* HarperCollins.

69 Wansink, B., Kent, R., & Hoch, S. (1998). An Anchoring and Adjustment Model of Purchase Quantity Decisions. *Journal of Marketing Research, 35*(1), 71–81.

70 Palmer, M. (2019, March 14). 1 word that increased sales by 38 percent. *CUInsight.*

71 Ahearn, B., (2019), Influence people: Powerful everyday opportunities to persuade that are lasting and ethical, Influence People, LLC. Palmer, M. (Host). (2020, June 12). How to ethically influence people: Interview with author Brian Ahearn. (No. 104) [Audio podcast episode]. In *The Brainy Business.*

72 Ariely, D. (2010). *Predictably irrational: The hidden forces that shape our decisions* HarperCollins.

73 Simonson, I. (1993). Get closer to your customers by understanding how they make choices. *California Management Review, 35*(4) pp. 68–84.

74 Bleich, S. N., Barry, C. L., Gary-Webb, T. L., & Herring, B. J. (2014). Reducing sugar-sweetened beverage consumption by providing caloric information: How Black adolescents alter their purchases and whether the effects persist. *American Journal of Public Health, 104*, 2417–2424.

75 Miller, A. M. (2019, May 28). A graphic comparing a bottle of soda to 6 donuts is going viral and it's making people want to eat more pastries. *Insider.*

76 Kahneman, D. & Tversky, A. (1979). Prospect theory: An analysis of decision under risk. *Econometrica, 47*, 263–291.

77 When sharing this example (of putting $50 in someone's account and "removing" it if they don't perform the actions), I have sometimes gotten questions or concerns about deceptive practices and causing people to overdraw their accounts. This money would only be in the Current Balance (not Available Balance), so no one would be able to spend the money and incur fees or anything. Seeing it in the Current Balance triggers the brain to want to move it into the Available Balance. If you are unfamiliar with what I am talking about, log into your online banking and look for these terms. When something is on hold—say you make a large deposit or use your card at a hotel—the Current and Available Balances will be different. You can only spend what is in your Available Balance.

78 The sales team incentives example from Binit Kumar was provided to me dire ctly via email.

79 Biswas, D. & Grau, S.L. (2008). Consumer choices under product option framing: Loss aversion principles or sensitivity to price differentials? *Psychology & Marketing, 25*(5), 399–415.

80 Information from the app interrupts program was provided to me directly from Aline Holzwarth via personal interview and email of materials. The following article is provided for additional information. Holzwarth, A. (2018, September 19). How commitment devices can help people stick to their health goals. *Pattern Health.*

81 Tsai, Y.-F. L. & Kaufman, D. M. (2009). The socioemotional effects of a computer-simulated animal on children's empathy and humane attitudes. *Journal of Educational Computing Research, 41*(1), 103–122.

82 Information on how Pattern Health has used "Virgil the Turtle" as well as images (and permission to use them within this book) were provided to me by Aline Holzwarth, via personal interview and email exchange.

83 Wright, C. (2020, June 20). Craigslist, back rooms & money launderers: Two months hunting for the world's most wanted bourbon. *Gear Patrol.* www.gearpatrol.com/food/drinks/a638762/how-to-buy-pappy-van-winkle-bourbon.

84 Lee, S. Y. & Seidle, R. (2012). Narcissists as consumers: The effects of perceived scarcity on processing of product information. *Social Behavior and Personality, 40*(9), 1485–1499.

85 Mullainathan, S. & Shafir, E. (2013). *Scarcity: Why having too little means so much.* Time Books.

86 Akçay, Y., Boyacı, T. & Zhang, D. (2013). Selling with money-back guarantees: The impact on prices, quantities, and retail profitability. *Production and Operations Management, 22*(4), 777–791.

87 Starbucks has stopped using their accounts like @therealPSL and @Frappuccino. They now only use their main account for allpostings.

88 A. P. Kirman. (1993). Ants, rationality and recruitment. *Quarterly Journal of Economics, 108*(1), 137–156.

89 Price, M. E. (2013, June 25). Human herding: How people are like guppies. *Psychology Today.*

90 Palmer, M. (Host). (2019, January 11). Booms, Bubbles, and Busts. (No. 30) [Audio podcast episode]. In *The Brainy Business.*

91 Asch, S. (1955).Opinions and social pressure. *Scientific American, 193*(5), 31–35.

92 Goldstein, N. J., Martin, S. J., & Cialdini, R. B. (2010). *Yes! 50 scientifically proven ways to be persuasive.* Robert B. Cialdini. New York: Free Press.

93 Influenceatwork. (2012, November 26). *Science of Persuasion* [Video]. YouTube. www.youtube.com/watch?v=cFdCzN7RYbw.

94 Sunstein, C. R. (2013). *Simpler: The future of government.* Simon & Schuster. Thaler, R.H. & Sunstein, C. R. (2008). *Nudge: Improving decisions about health, wealth, and happiness.* Penguin Books.

95 Young, L. (2016, September 13).Watch these awkward elevator rides from an old episode of candid camera. *Atlas Obscura.*

96 Cialdini, R. B. (2007). *Influence: The psychology of persuasion (Revised).* HarperCollins.

97 Bekk, M. & Sporrle, M. (2010). The influence of perceived personality characteristics on positive attitude toward and suitability of a celebrity as a marketing campaign endorser. *The Open Psychology Journal, 3*(1), 54–66.

98 To learn more about Niche Skincare, visit nicheskincare.com or see the social proof on their Instagram, @nicheskincare.

99 Behavioural Economics Team of the Australian Government (BETA). (2017, October 16). Nudge vs superbugs: A behavioural economics trial to reduce the overprescribing of antibiotics. Retrieved from: behaviouraleconomics.pmc.gov.au/sites/default/files/projects/report-nudge-vs-superbugs.pdf.

100 Thaler, R.H. & Sunstein, C. R. (2008). *Nudge: Improving decisions about health, wealth, and happiness.* Penguin Books.

101 Thaler, R., & Benartzi, S. (2004). Save more tomorrow™: Using behavioral economics to increase employee saving. *Journal of Political Economy, 112*(S1), S164-S187.

102 Thaler, R.H. & Sunstein, C. R. (2008). *Nudge: Improving decisions about health, wealth, and happiness.* Penguin Books.

103 Thaler, R. H., Sunstein, C. R., & Balz, J. P. (2012) Choice Architecture. The Behavioral Foundations of Public Policy, Ch. 25, Eldar Shafir, ed. (2012). Available at SSRN: ssrn.com/abstract=2536504 or dx.doi.org/10.2139/ssrn.2536504.

104 Staff. (2009, October 22). 52 percent opted to donate to state parks in September. Washington Policy Center.

105 Thaler, R.H. & Sunstein, C. R. (2008). *Nudge: Improving decisions about health, wealth, and happiness.* Penguin Books.

106 Thaler, R. (2010, January 11). Measuring the LSD effect: 36 percent improvement. *Nudge Blog.*

107 Thaler, R. (2008, August 6). A car pedal for the lead foot in your family. *Nudge Blog.*

108 Thaler, R. H., Sunstein, C. R., & Balz, J. P. (2012) Choice Architecture. The Behavioral Foundations of Public Policy, Ch. 25, Eldar Shafir, ed. (2012). Available at SSRN: ssrn.com/abstract=2536504 or dx.doi.org/10.2139/ssrn.2536504.

109 Blog. (2018, February 7). How many daily decisions do we make? *Science.*

110 Shiv, B., & Fedorikhin, A. (1999). Heart and Mind in Conflict: The Interplay of Affect and Cognition in Consumer Decision Making. *Journal of Consumer Research, 26*(3), 278–292.

111 Edland A. & Svenson O. (1993) Judgment and decision making under time pressure. In: Svenson O., Maule A.J. (eds) Time Pressure and Stress in Human Judgment and Decision Making. Springer, Boston, MA.

112 Margalit, L. (2019, November 5). This is your brain on sale. *CMS Wire.*

113 Ordóñez, L. & Benson, L. (1997).Decisions under time pressure: How time constraint affects risky decision making. Organizational Behavior and Human Decision Processes, 71(2), 121–140.

114 Amabile, T.M., Noonan Hadley, C., & Kramer, S.J. (2002). Creativity under the gun. *Harvard Business Review.*

115 Giblin, C.E., Morewedge, C.K. & Norton, M.I. (2013, September 16). Unexpected benefits of deciding by mind wandering. Frontier Psychology, Volume 4, Article 598.

116 Chataway, R. (2020). *The behaviour business: How to apply behavioural science for business success.* Harriman House.

117 Dooley, R., (2019), Friction: The untapped force that can be your most powerful advantage. McGraw-Hill Education.

118 Cheema, A., & Soman, D. (2008). The effect of partitions on controlling consumption. *Journal of Marketing Research, 45*(6), 665–675.

119 Rolls, B.J., Morris, E.L., & Roe, L.S. (2002). Portion size of food affects energy intake in normal-weight and overweight men and women. *The American Journal of Clinical Nutrition, 76*(6), 1207–1213.

120 Dooley, R. (n.d.). The psychology of beer (and wine too). *Neuromarketing Blog.*

121 Cheema, A., & Soman, D. (2008). The effect of partitions on controlling consumption. *Journal of Marketing Research, 45*(6), 665–675.

122 Bettinger, E., Cunha, N., Lichand, G., & Madeira, R. (2020). Are the effects of informational interventions driven by salience? University of Zurich, Department of Economics, Working Paper No. 350.

123 Cheema, A., & Soman, D. (2008). The effect of partitions on controlling consumption. *Journal of Marketing Research, 45*(6), 665–675.

124 Soman, D. & Cheema, A. (2011). Earmarking and partitioning: Increasing saving by low-income households. *Journal of Marketing Research, 48*, S14-S22.

125 Dhar, R., Huber, J., & Khan, U. (2007). The shopping momentum effect. *Journal of Marketing Research, 44*(3), 370–378.

126 Morwitz, V. G., Johnson, E., & Schmittlein, D. (1993). Does measuring intent change behavior? *Journal of Consumer Research, 20*(1), 46–61.

127 Kaplan, K. (1997, January 15). 5 customers sue AOL over new unlimited access plan. *LA Times.* Brown, M. (n.d.) AOL goes unlimited. *This Day In Tech History.*

128 Mazar, N., Plassmann, H.Robitaille, N. & Lindner, A. (2016). Pain of paying?—A metaphor gone literal: Evidence from neural and behavioral science. Rotman School of Management Working Paper No. 2901808, INSEAD Working Paper No. 2017/06/MKT.

129 Kamat, P., Hogan, C., (2019, January 28), How Uber leverages applied behavioral economics at scale, Uber Engineering Blog. Uber ExpressPOOL eng.uber.com/applied-behavioral-science-at-scale.

130 Zellermayer, O. (1996). The pain of paying. (Doctoral dissertation).Department of Social and Decision Sciences, Carnegie Mellon University, Pittsburgh, PA.

131 Rick, S., Cryder, C. E., & Loewenstein, G. (2008). Tightwads and spendthrifts: An interdisciplinary review, *Journal of Consumer Research 34*(6), 767–782.

132 Prelec, D., & Loewenstein, G. (1998). The red and the black: Mental accounting of savings and debt. *Marketing Science, 17*(1), 4–28.

133 Coulter, K.S., Choi, P, & Monroe, K.B. (2012). Comma n' cents in pricing: The effects of auditory representation encoding on price magnitude perceptions. *Journal of Consumer Psychology, 22*(3), 395–407.

134 Prelec, D., & Loewenstein, G. (1998). The red and the black: Mental accounting of savings and debt. *Marketing Science, 17*(1), 4–28.

135 The story of lingoK in the Bing Translator was provided to me directly by Matt Wallaert via phone interview. He was also a guest on The Brainy Business episode 128, where we talked about it briefly, and you can learn more about his research in his book: Wallaert, M. (2019). *Start at the end: How to build products that create change.* Penguin Publishing Group.

136 Berman, B. (2005). How to delight your customers. *California Management Review, 48*(1), 129–151.

137 This chart I've created for the book is adapted from the one in the article referenced above, How to delight customers.

138 Berman, B. (2005). How to delight your customers. *California Management Review, 48*(1), 129–151.

139 Coyne, K.P. (1989). Beyond service fads—Meaningful strategies for the real world. Sloan Management Review, 30(4), 69–76; Dick, A.S. & Basu, K. (1994). Customer loyalty: Toward an integrated conceptual framework. Journal of the Academy of Marketing Science, 22, 99–113.; T.A. Oliva, T.A., Oliver, R.L., & Macmillan, I.C. (1992). A catastrophe model for developing service satisfaction strategies. *Journal of Marketing, 56*(3), 83–98.

140 Berman, B. (2005). How to delight your customers. *California Management Review, 48*(1), 129–151.

141 Berman, B. (2005). How to delight your customers. *California Management Review, 48*(1), 129–151.

142 Reichheld, F.F. & Sasser Jr., W.E. (1990). "Zero defections: Quality comes to services," Harvard Business Review, 68(5), 105–111.

143 Heskett, J.L. (2002). Beyond customer loyalty. *Journal of Service Theory and Practice, 12*(6), 355–357.

144 Chubb, H. (2019, June 6). Ed Sheeran teams up with Heinz ketchup to create 'Edchup.' *People.*

145 Berman, B. (2005). How to delight your customers. *California Management Review, 48*(1), 129–151.

146 Fredrickson, B. L. & Kahneman, D. (1993). Duration neglect in retrospective evaluations of affective episodes. *Journal of Personality and Social Psychology, 65*(1), 45–55.

147 Redelmeier, D.A., Katz, J. & Kahneman, D. (2003). Memories of a colonoscopy: A randomized trial. *Pain, 104*(1–2), 187–94.

148 Kahneman, D., Fredrickson, B., Schreiber, C., & Redelmeier, D. (1993). When more pain is preferred to less: Adding a better end. *Psychological Science, 4*(6), 401–405.

149 *Wood, W., (2019), Good habits, bad habits: The science of making positive changes. Farrar, Straus and Giroux.*

150 *Wood, W. & Neal, D.T. (2009). The habitual consumer. Journal of Consumer Psychology, 19(4), 579–592. Zaltman, G. (2003). How customers think: essential insights into the mind of the market. Harvard Business Press.*

151 *Eyal, N., & Hoover, R. (2014). Hooked: How to build habit-forming products. Portfolio/Penguin.*

152 Details on Pique were provided via direct interview with cofounder, Bec Weeks, in episode 119 of *The Brainy Business* podcast.

153 Milkman, K. L., Minson, J. A., & Volpp, K. G. (2014). Holding The Hunger Games hostage at the gym: An evaluation of temptation bundling. *Management Science, 60*(2), 283–299.

154 Lorre, C., et. al (Writers), & Cendrowski, M. (Director). (2008, December 15). The bath item gift hypothesis [Television Series Episode] In L. Aronsohn(Producer), *The Big Bang Theory.* Columbia Broadcasting System.

155 The 6 Principles of Persuasion by Dr. Robert Cialdini [Official Site]. (2019, June 25). www.influenceatwork.com/principles-of-persuasion.

156 Freedman, J.L. & Fraser, S.C. (1966). Compliance without pressure: The foot-in-the-door technique. *Journal of Personality and Social Psychology, 4* (2), 195–202. Markman, A. (2008, October 12). The power of yard signs II: Escalation of commitment. *Psychology Today.*

157 If you're in the market for amazing branded photos for your business, I highly recommend Jennifer Findlay Portraiture. My headshots at the time of this publication were done by Jennifer and she is phenomenal to work with.

158 Cialdini, R.B., et. al. (1975). Reciprocal concessions procedure for inducing compliance: The door-in-the-face technique. *Journal of Personality and Social Psychology, 31* (2), 206–215.

159 Note, this book is focused on fifteen to twenty of more than two hundred brain concepts to help you learn the process of applying behavioral economics to business. Those others can be your spices and seasonings as you start experimenting.

160 Details about The Littery were provided to me directly via an interview with CEO Michael Manniche in episode 75 of *The Brainy Business* podcast.

161 This is also triggering a loop of prefactual / counterfactual thinking, which are essentially when we "what if" and "why not." While not part of this book, both have episodes on *The Brainy Business* podcast, 68 and 71.

162 Buehler, J. (2017, October 19). Dogs really can smell your fear, and then they get scared, too. *NewScientist.*

163 Nelson, N. (2016, May 3). The power of a picture. *Netflix Blog.* Roettgers, J. (2016, January 7), This simple trick helped Netflix increase video viewing by more than 20 percent. *Variety.*

164 Kahneman, D. (2011). *Thinking, fast and slow.* Farrar, Straus and Giroux.

165 Lam, B. (2015, January 30). The psychological difference between $12.00 and $11.67. *The Atlantic.*

166 Wadhwa, M. & Zhang, K. (2014). This number just feels right: The impact of roundedness of price numbers on product evaluations. *Journal of Consumer Research, 41*(5), 1172–1185.

167 Ariely, D. (2008). *Predictably irrational: The hidden forces that shape our decisions.* HarperCollins.

168 Hanson, R. (2009, January 10). Why we like middle options, small menus. *Overcoming Bias.*

169 Graff, F. (2018, February 7). How many daily decisions do we make? *Science.*

170 Brian explained this example while being interviewed on episode 104 of *The Brainy Business* podcast. You can find more of his work in his book: Ahearn, B. (2019). *Influence PEOPLE: Powerful everyday opportunities to persuade that are lasting and ethical.* Influence People, LLC.

171 Mitrokostas, S. (2019, January 14). Why cereal boxes are at eye level with kids. *Insider.*

172 Cobe, P. (2020, September 25). Texas restaurants turn to neuroscience for menu makeovers. *Restaurant Business.*

173 Witte, K. (2019, November 20). Local businesses use Texas A&M behavior science to design menus. *KBTX.*

174 Details for the menu project were provided via an interview with Jez Groom and April Vellacott; they also provided permission to use the images in the book at that time. You can hear my interview with them on episode 131 of The Brainy Business podcast, and check out their book: Groom, J. & Vellacott, A. (2020). *Ripple: The big effects of small behaviour changes in business.* Harriman House.

175 Trafton, A. (2014, January 16). In the blink of an eye. *MIT News.* Staff, (2019, March 6), Mobile Marketing Association reveals brands need a "first second strategy."*Mobile Marketing Association.*

176 Sunstein, C. (2020, May 19). How to make coronavirus restrictions easier to swallow. *Bloomberg.*

177 Details on the project and permission to use the imagery in this book were provided via an interview with Elizabeth Immer from Zuzanna Krzyzanska for The Ergonomen Usability. To read more about the project with Swisscom, read this: Immer, E. (2020, March 6). A "fresh" start for collections at Swisscom. *Ergonomen.*

178 Celletti, C. (2020, June 25). Conversations that matter—Nudgestock 2020: Necessity is the mother of reinvention. *Ogilvy.*

179 Details on Shapa were provided via a direct interview with Dan Ariely, which you can hear on episode 101 of The Brainy Business podcast and approved by his team to appear in this book. Learn more about Shapa atwww.shapa.com.

180 Sunstein, C. (2020, May 19). How to make coronavirus restrictions easier to swallow. *Bloomberg.*

181 Petreycik, C. (2019, July 10). Cotton candy grape watch: Which stores have them now. *Food and Wine.*

182 Zak, P. (2014, October 28). Why your brain loves good storytelling. Harvard Business Review.

183 Staff. (2020, January 24). Storytelling and cultural traditions. *National Geographic.*

184 The Colu team provided me with details from the Jerusalem Boulevard project via a direct interview, and you can also hear about it on episode 113 of The Brainy Business podcast. They also provided the imagery and permission to use it, as well as the story, in this book. Learn more about the project here: Staff. (2020, January 1), Urban regeneration In TLV—Jerusalem Boulevard, Colu. colu.com/case-studies/urban-regeneration-in-tel-aviv-colu-civic-engagement.

185 Staff. (2020). Cancer Facts & Figures 2020. Cancer.org.

186 Details provided via direct interview with Survivornet CEO, Scott Alperin, as well as permission to include the story in this book. Learn more about them at www.survivornet.com.

187 Zhang, Y. (2015, November 2). The registration test results Netflix never expected. *Apptimize.*

188 Watson, A. (2020, November 10). Number of Netflix paid subscribers worldwide from 3rd quarter 2011 to 3rd quarter 2020. *Statista.*

189 Details on the Dectech research was provided to me via direct interviews with the team, some of which you can hear on episode 140 of *The Brainy Business* podcast. Read the research here: Mitchell, T. & Benny, C. (2020). Using behavioural science to reduce opportunistic insurance fraud. *Applied Marketing Analytics, 5* (4), 294–303.

190 Details provided via direct interview, which you can hear in episode 116 of *The Brainy Business* podcast, also check out his book: Wendel, S. (2020). *Designing for behavior change: Applying psychology and behavioral economics* (2nd Ed). O'Reilly Media.

191 Nelson, N. (2016, May 3). The power of a picture. *Netflix Blog.*

192 Hern, A. (2014, February 5). Why Google has 200m reasons to put engineers over designers. The Guardian.

193 Palmer, M. (Host). (2019, May 17). Color theory. (No. 61) [Audio podcast episode]. In *The Brainy Business.*

194 Chataway, R. (2020). *The behaviour business: How to apply behavioural science for business success.* Harriman House.

195 Learn more about the Texas A&M Human Behavior Lab (including information about signing up for our Certificate in Applied Behavioral Economics at hbl.tamu.edu/certificate-program.

196 Details about iMotions were approved by members of their team, including their inclusion in this book. For more details about them, visit www.imotions.com.

197 Sundararajan, R. R., Palma, M.A. & Pourahmadi, M. (2017). Reducing brain signal noise in the prediction of economic choices: A case study in neuroeconomics. *Frontiers in Neuroscience, 11,* 704.

198 Sunstein, C. (2013). *Simpler: The future of government.* Simon & Schuster.

199 Rose, J. (2019, April 1). Benefits of using your opposite hand—Grow brain cells while brushing your teeth. *Good Financial Cents.*

200 Coyier, C. (2016, January 8). What is bikeshedding?. CSS-Tricks.

201 Eyal, N. & Li-Eyal, J. (2019). *Indistractable: How to control your attention and choose your life.* BenBella Books, Inc.

中英名詞對照表

人物

四至十畫

丹・艾瑞利 Dan Ariely
丹尼爾・康納曼 Daniel Kahneman
內特・安多爾斯基 Nate Andorsky
卡多先生 Cuddles
史巴克 Spock
史考特・J・米勒 Scott J. Miller
史蒂夫・阿爾珀林 Steve Alperin
史蒂夫・溫德爾 Steve Wendel
尼爾・艾歐 Nir Eyal
布萊恩・阿赫恩 Brian Ahearn
伊莉莎白・伊梅爾 Elizabeth Immer
吉布森・比德爾 Gibson Biddle
艾琳・霍爾茨瓦爾斯 Aline Holzwarth
克莉絲汀・麥克蘭布 Cristina McLamb
貝克・威克斯 Bec Weeks
亞當・漢森 Adam Hansen
佩妮 Penny
妮基・羅氏 Nikki Rausch
彼得・斯泰德 Peter Steidl
彼得・詹寧斯 Peter Jennings
拉里 Larry
杰茲・格魯姆 Jez Groom
肯特・尼爾森博士 Dr. Kurt Nelson
芭芭拉・米莉森・羅伯茲 Barbara Millicent Roberts
金・卡戴珊 Kim Kardashian
阿摩司・特沃斯基 Amos Tversky

保羅・扎克博士 Dr. Paul Zak
奎姆・克里斯蒂安 Kwame Christian
威廉・麥克佛森 William Macpherson
威爾・利奇 Will Leach
查爾斯・杜希格 Charles Duhigg
派崔克・費根 Patrick Fagan
珍妮佛・克林漢斯 Jennifer Clinehens
約翰斯・霍普金斯 Johns Hopkins
紅髮艾德 Ed Sheeran
唐納・蘇德蘭 Donald Sutherland
埃普麗爾・維拉科特 April Vellacott
格雷布・齊普斯基博士 Dr. Gleb Tsipursky
納文・萊恩格 Navin Iyengar
馬可・帕爾馬 Marco Palma

十一畫以上

強納森・海特 Jonathan Haidt
梅莉娜・帕默 Rory Sutherland
理查德・查塔維 Richard Chataway
理察・塞勒 Richard Thaler
麥特・華勒特 Matt Wallaert
凱斯・桑思坦 Cass Sunstein
凱薩琳・米爾科曼 Katy Milkman
提姆・霍利漢 Tim Houlihan
森德希爾・穆拉伊特丹 Sendhil Mullainathan
湯姆・諾勃 Thom Noble
華倫・伯格 Warren Berger
愛德華・伯內斯 Edward Bernays
溫蒂・伍德 Wendy Wood
蒂姆・艾許 Tim Ash
詹姆士・羅伯特・雷 James Robert Lay
詹姆斯・克利爾 James Clear

賈斯汀・馬丁　Justin Martin
路易絲・沃德　Louise Ward
嘉莉・費雪　Carrie Fisher
瑪麗爾・考特　Mariel Court
維吉爾　Virgil
維萊亞努爾・拉馬錢德蘭　Vilayanur Ramachandran
賓帝・庫瑪　Binit Kumar
歐普拉　Oprah
鮑爾茲　Balz
謝爾頓・庫珀　Sheldon Cooper
賽斯・高汀　Seth Godin
邁克爾・F・夏因　Michael F. Schein
邁克爾・諾頓　Michael Norton
羅伯特・席爾迪尼　Robert Cialdini
羅伯特・薩波斯基　Robert Sapolsky
羅里・薩特蘭　Rory Sutherland
羅納德・哈利・寇斯　Ronald H. Coase
羅傑・杜利　Roger Dooley

專有名詞

不對稱洞察幻覺　illusion of asymmetric insight
內團體偏誤　in-group bias
巴南效應　Barnum effect
支持選擇偏誤　choice supportive bias
月暈效應　halo effect
占星效應　astrology effect
失敗恐懼　ear of failure
弗拉效應　Forer effect
多巴胺　Dopamine
成功恐懼　fear of success
血清素　Serotonin

忽視持續時間 duration neglect

性格歸屬偏誤 trait ascription bias

承諾升級 escalation of commitment

表情分析對照 FEA(Facial expression analysis) Comparison

非意識 nonconscious

冒名頂替症候群 imposter syndrome

計畫謬誤 Planning Fallacy

時間折價 Time Discounting

素樸實在論 naïve realism

參考架構 frame of reference

問題激盪法 questionstorming

得寸進尺法 Foot In The Door

控制錯覺 illusion of control

現狀偏誤 status quo bias

透明度幻覺 illusion of transparency

催產素 Oxytocin

嗅覺神經元 olfactory receptor neurons

損失趨避 loss aversion

腦內啡 Endorphins

腦島 insula

腳踏車棚效應 bikeshedding

跳視 saccades

運動控制神經元 motor control neurons

過度自信效應 overconfidence effect

算命現象 fortune-telling phenomenon

聚焦幻覺 Focusing Illusion

聚焦顧客 customer focus

誘惑捆綁 temptation bundling

誘餌磁鐵 lead magnets

樂觀偏誤 optimism bias

熟悉偏誤 familiarity bias

確認偏誤　confirmation bias

戰鬥、逃走或立定不動反應　fight, flight or freeze

錯誤共識效應　false consensus effect

錯誤的獨特性偏誤　false uniqueness bias

購物衝量效應　shopping momentum effect

額葉　frontal lobes

鏡像神經元　mirror neuron

覺知擁有感　perceived ownership

犧牲打策略　Loss Leaders

書籍、媒體

《一切都可談判》　*Negotiate Anything*

《人性鍊金術》　*Alchemy*

《大哉問時代》　A *More BeautifulQuestion*

《大腦拒絕不了的行銷》　*Brainfluence*

《不憑感覺做事》　*Never Go with Your Gut*

《用行為做生意》　*The Behaviour Business*

《冰與火之歌》　*Game of Thrones*

《宅男行不行》　*The Big Bang Theory*

《行為改變科學的實務設計》　*Designing for Behavior Change*

《行為的通道》　*Behavioral Grooves*

《行為科學俱樂部》　*Behavioural Science Club*

《行銷的心態》　*Marketing to Mindstates*

《行銷研究雜誌》　*Journal of Marketing Research*

《我們之間的盲點》　*The Blindspots Between Us*

《和史考特．米勒一起談領導》　*On Leadership with Scott Miller*

《南方之音》　*South Sound*

《品牌神經元》　*Neurobranding*

《星際爭霸戰》　*Star Trek*

《為什麼我們這樣生活，那樣工作？》　*The*

Power of Habit

《原子習慣》 *Atomic Habits*

《時代雜誌》 *Time*

《消費者研究期刊》 *Journal of Consumer Research*

《專注力協定》 *Indistractable*

《推出你的影響力》 *Nudge*

《習慣力》 Good Habits, Bad Habits

《超越你的直覺》 Outsmart Your Instincts

《當哈利遇見莎莉》 *When Harry met Sally*

《解密消費者為什麼買這樣商品》 *Decoding the Why*

《鉤癮效應》 *Hooked*

《漣漪》 *Ripple*

《說服的心理》 *The Psychology of Persuasion*

《影響力》 *Influence*

《影響說話術》 *Influence People*

《摩擦力》 *Friction*

《數位成長時代的銀行業》 *Banking on Digital Growth*

《熱賣操作手冊》 *The Hype Handbook*

《誰說人是理性的！》 *Predictably Irrational*

《機智事業》 *The Brainy Business*

《駭入你的選擇》 *Choice Hacking*

《購買的訊號和銷售的步驟》 *Buying Signals and The Selling Staircase*

《隱藏攝影機》 *Candid Camera*

《爆品設計法則》 *Start at the End*

《釋放你的原始大腦》 *Unleash Your Primal Brain*

其他

人類行為實驗室 Human Behavior Laboratory

大哥哥大姐姐輔導專案 Big Sister/Brother

丹・艾瑞利中心　Dan Ariely's Center
多鄰國語言學習平台　Duolingo
好手氣按鍵　I'm Feeling Lucky
行為洞察力小組　Behavioural Insight Team
行為科學俱樂部　Behavioural Science Club
行動呼籲設計　call to action
西雅圖海鷹隊　Seahawks
克林貢語　Klingon Language
利登油漆　Glidden
杜克大學　Duke University
豆豆娃　Beanie Babies
帕爾馬大學　University of Parma
波浪頭像硬幣　Draped Bust Dollar
芝加哥職業心理學學校　The Chicago School of Professional Psychology
金賓威士忌　Jim Beam

阿拉斯加航空　Alaska Airlines
南瓜拿鐵　PSL，Pumpkin Spice Latte
哈利波特影城製片場　Warner Bros. set
奎斯特球場　Qwest Field
威尼斯人酒店　The Venetian Hotel
威洛斯　Willows
美國晨星公司　Morningstar
耶路撒冷大道　Jerusalem Boulevard
英屬圭亞那一分品紅郵票　British Guiana
特拉維夫市政府　Tel-Aviv Municipality
神經經濟學研究中心　Center for Neuroeconomics Studies
紐約大學　NYU
問對問題研究所　Right Question Institute
國際圖書獎　International Book Awards
捲尾猴行為科學　Capuchin Behavioural Science

麻省理工學院　MIT
彭博社　Bloomberg
棉花糖葡萄　Cotton Candy grapes
進階後見之明中心　Center for Advanced Hindsight
奧美英國　Ogilvy UK
溫克爾波本威士忌　Pappy Van Winkle bourbon
瑞士電信集團　Swisscom
慢調曲風音樂　slow jams
賓州大學華頓商學院　Wharton School of the University of Pennsylvania
墨西拿霍夫酒莊　Messina Hof Winery
德州農工大學　Texas A&M University
德州農工大學人類行為研究室　The Texas A&M Human Behavior Lab
鄰角　Lingot

獨角獸星冰樂　Unicorn Frappuccino
縣立青少年觀護所　County Juvenile Detention Center.
選擇性訂閱電子報　Opt-in
聯合國婦女署英國辦公室　UN Women UK
寶僑集團　P&G
鬱金香狂熱　tulip bulbs

WHAT YOUR CUSTOMER WANTS AND CAN'T TELL YOU by MELINA PALMER

噓，別讓顧客知道原來你用了這一招！

讓顧客開心又能提高單價和成交量的潛意識消費心理學

作者　梅莉娜・帕默（Melina Palmer）
譯者　楊毓瑩
主編　劉偉嘉
特約編輯　楊鈺儀
校對　魏秋綢
排版　謝宜欣
封面　萬勝安
社長　郭重興
發行人兼出版總監　曾大福
出版　真文化／遠足文化事業股份有限公司
發行　遠足文化事業股份有限公司
地址　231 新北市新店區民權路 108 之 2 號 9 樓
電話　02-22181417
傳真　02-22181009
Email　service@bookrep.com.tw
郵撥帳號　19504465 遠足文化事業股份有限公司
客服專線　0800221029
法律顧問　華陽國際專利商標事務所　蘇文生律師
印刷　成陽印刷股份有限公司
初版　2021 年 12 月
定價　400 元
ISBN　978-986-06783-4-5

歡迎團體訂購，另有優惠，請洽業務部 (02)22181-1417 分機 1124、1135

特別聲明：有關本書中的言論內容，不代表本公司／出版集團的立場及意見，由作者自行承擔文責。

國家圖書館出版品預行編目 (CIP) 資料

噓，別讓顧客知道原來你用了這一招！讓顧客開心又能提高單價和成交量的潛意識消費心理學／梅莉娜・帕默（Melina Palmer）著；楊毓瑩譯 .
-- 初版 . -- 新北市：真文化出版，遠足文化事業股份有限公司發行，2021.12
面；公分 --（認真職場；17）
譯自 : What your customer wants and can't tell you : unlocking consumer brains with the science of behavioral economics
ISBN 978-986-06783-4-5（平裝）
1. 消費者行為 2. 消費心理學
496.34　110019061